北京理工大学"双一流"建设精品出版工程

The Virtual Simulation and Experimental Design of Automatic Control Theory

自动控制理论虚拟仿真与实验设计

姜增如 ◎ 编著

北京理工大学出版社

BEIJING INSTITUTE OF TECHNOLOGY PRESS

内 容 简 介

本书共包含 4 章内容。第 1 章为自动控制理论实验基础，介绍了自动控制及系统的组成、稳定性的概念及传递函数的建立方法。第 2 章利用 MATLAB 提供的强大数据处理、绘图函数和命令设计了 12 个小实验。第 3 章使用 Simulink 仿真工具设计了 7 个小实验。第 4 章结合电机及倒立摆硬件对象设计了 11 个实验内容。在此基础上，读者可根据虚拟仿真实验算法在硬件平台上扩展。这些实验从时域、频域、根轨迹、非线性及状态空间几个方面，完成对系统性能指标验证及控制系统设计。书中还使用 APP 编写了实验界面，通过人 – 机交互完成 PID 控制参数设计。每个实验通过说明、案例列出了详细操作步骤，引导读者自行完成实验内容。本书中的实验包括实验目的、实验内容、操作步骤及实验要求，最后附有思考题。本书最后使用附录的形式增加了绘图及函数的使用方法，帮助读者在完成从仿真分析到实物验证、再到设计控制参数时，通过输出图形进行对比分析，能直观地判别性能指标。书中的实验案例列举了大量图形，使抽象的理论变得生动形象，不仅能帮助读者理解自动控制理论知识，还能使其在实验中增加兴趣。

本书可作为高等院校工科自动化、电气工程自动化、机械工程及自动化、仪表及测试等专业的教科书，亦可作为自动控制类的各专业工程技术人员自学参考的实验教材。

图书在版编目（CIP）数据

自动控制理论虚拟仿真与实验设计/姜增如编著 . —北京：北京理工大学出版社，2020. 9（2022. 8重印）

ISBN 978 – 7 –5682 – 8941 – 2

Ⅰ . ①自… Ⅱ . ①姜… Ⅲ . ①自动控制系统 – 仿真系统 – 实验 – 教材 Ⅳ . ①TP273 – 33

中国版本图书馆 CIP 数据核字（2020）第 160539 号

出版发行／北京理工大学出版社有限责任公司

社　　址／北京市海淀区中关村南大街 5 号

邮　　编／100081

电　　话／（010）68914775（总编室）

　　　　　（010）82562903（教材售后服务热线）

　　　　　（010）68944723（其他图书服务热线）

网　　址／http：//www. bitpress. com. cn

经　　销／全国各地新华书店

印　　刷／廊坊市印艺阁数字科技有限公司

开　　本／787 毫米 ×1092 毫米　1/16

印　　张／16. 75　　　　　　　　　　　　　　　　责任编辑／张海丽

字　　数／396 千字　　　　　　　　　　　　　　　文案编辑／张海丽

版　　次／2020 年 9 月第 1 版　2022 年 8 月第 4 次印刷　　责任校对／周瑞红

定　　价／58. 00 元　　　　　　　　　　　　　　　责任印制／李志强

自动控制理论是自动化专业及其相关专业的必修实验课程。本书所有实验围绕课堂自动控制理论知识点而设计，可作为自动控制原理课程的辅助教材。书中实验数据从虚拟仿真到实物设计均采用了程序运算，提高了计算精度也节省了计算时间。书中第 2 章实验十二，由刘士涵同学帮助编写了程序。第 4 章实验结合了 Quanser 公司 QUBE – Servo 2 实验设备，该部分内容得到了北京优诺智奇科技有限公司总经理刘洋的大力支持，书中的大量实验图形和结果均是他提供的；同时，该部分实验内容也得到上海鲲航智能科技有限公司总经理马凯的支持。没有他们的帮助，本书无法完成，在此深表感谢。

由于控制科学已经发展到以复杂系统为研究对象的智能控制阶段，利用互联网实现远程控制也成为一种研究方向。书中的实验均可作为远程控制实验内容，结合了中国大学 MOOC 的《自动控制理论实验》需求，引入的案例可与 MOOC 同步学习。

本书的最大特色是案例实验教学，在内容上将 MATLAB 函数、编程方法、仿真、实际硬件平台对象分析融为一体，将传统控制理论实验手段与计算机的应用相结合，讲解过程从虚拟仿真到实物验证，内容精炼，重点突出，帮助读者理解理论知识和实际运用，同时，也对参加大学生创新、增强学生实验设计能力具有很好的辅助作用。

姜增如
2020 年 7 月

目 录
CONTENTS

第1章

自动控制理论实验基础

控制系统的数学模型由系统本身的结构参数决定，系统的输出由系统的数学模型、系统的初始状态和输入信号决定。建立系统数学模型的目的，是在自动控制理论的基础上研究控制算法，根据模型进行仿真的结果，从理论上证明在一定的控制范围内算法的正确性和控制方法的合理性。

1.1 自动控制及控制系统

自动控制是指不需要人的直接参与情况下，按照预定的规律自动运行。自动控制系统是指使用自动控制装置，对生产或运行中某些关键性参数进行自动控制，使它们在受到外界干扰或扰动而偏离正常状态时，能够被自动地控制而回到工艺所要求的数值范围内。在生产过程中因受到各种工艺条件影响，工艺参数不可能是一成不变的。特别是化工生产，在连续性生产过程中各设备相互关联，当其中某一设备的工艺条件发生变化时，都可能引起其他设备中某些参数波动，偏离了正常的工艺条件。自动控制系统能抵御被控量受到的外部扰动，使得系统正常工作。

1.1.1 常见的自动控制系统

根据系统功能划分，常见的自动控制系统有温度、压力、位置、流量和速度控制系统等；按给定信号的特点分类，可分为定值控制、随动控制和程序控制系统。例如，要求被控量（温度、压力、液位、湿度、流量、速度等）不变的系统为定值控制，随时间变化被控量跟随变化的称为随动控制；被控量的给定值随程序变化的系统称为程序控制系统。

控制系统随处可见，如无人驾驶、航天火箭、卫星入轨是典型的自动控制。生活中也很常见，如空调控制的过程，当房间温度受到天气变化引起波动时，控制器使其保持在设定的温度值；楼房的电梯运行过程中，多部电梯的联动或处在不同楼层同时按电梯时，电梯根据预定程序自动控制。过程控制的化工生产中，反应釜内需要保持一个恒定值温度，才能生产出高精度产品，而生产过程中各种工艺条件、大气温度的变化，包括保温层等因素（称干扰）均会使反应釜内热量散发发生改变，为了达到温度保持不变的目的，需要通过控制器自动控制保持温度恒定值。

例如，锅炉气鼓水位控制系统，要求气鼓中的水液（被控量）保持一定的值，当高于或低于某个值时，就会发生危险。自动控制就是使用控制器替代眼睛、大脑和手的工作。锅炉水位控制的示意图如图 1.1.1 所示。

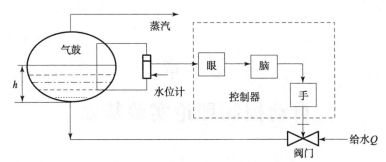

图 1.1.1　锅炉水位自动控制示意图

图中，被控量是液位 h，控制参数 Q 为输入量，为了保持被控量 h 为一定值，需要控制器控制输入阀门的给水量，这就是液位的自动控制。

1.1.2　开环与闭环控制

1. 开环控制

1）定义

输出量与输入量之间没有反向联系，只靠输入量对输出量单向控制的系统叫开环控制系统。因为控制作用是由输入信号直接向前输送，而不是由输出信号回输到输入信号来进行控制的，故开环控制又可称为前馈控制。

在开环控制系统中，控制精度和抑制干扰的特性都比较差，且控制的效果不能实时跟踪。开环控制主要应用于机械、化工、物料装卸运输等过程的半自动化控制。例如直流电机转速控制系统，通过改变电位器位置可改变电压值，电压 $0 \sim 10$ V 可使得电机转速为 $0 \sim 1\,000$ r/min，控制电压即可控制转速，如图 1.1.2 所示。

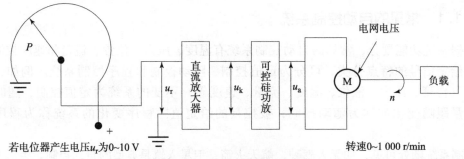

图 1.1.2　电机速度控制示意图

2）开环控制结构

在开环控制系统中，被控量的值未在控制过程中构成控制作用，例如，图 1.1.2 所示电机控制未将直流电机的转速信息构成对电位器的控制作用，控制框图如图 1.1.3 所示。

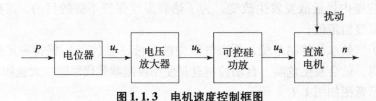

图 1.1.3　电机速度控制框图

3）开环控制系统的特点

（1）结构简单经济。

（2）调试方便。

（3）抗干扰能力差，控制精度不高。

2. 闭环控制

1）定义

输出量与输入量之间有反向联系，靠输入量与主反馈信号之间的偏差对输出量进行控制的系统叫闭环控制系统，即闭环控制系统是控制系统的一种类型。具体内容是指：把控制系统输出量的一部分或全部，通过一定方法和装置反送回系统的输入端，然后将反馈信息与原输入信息进行比较，再将比较的结果施加于系统进行控制，避免系统偏离预定目标。闭环控制系统利用的是负反馈，即由信号正向通路和反馈通路构成闭合回路的自动控制系统，又称反馈控制系统。图 1.1.2 对应的闭环控制示意图如图 1.1.4 所示。

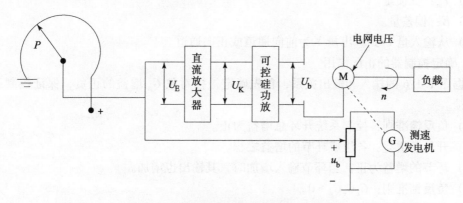

图 1.1.4　电机速度闭环系统控制示意图

图 1.1.4 对应的电机速度控制闭环框图如图 1.1.5 所示。

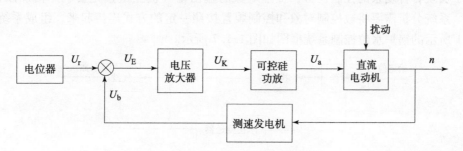

图 1.1.5　电机速度控制闭环框图

2）闭环控制系统的结构与术语

一般控制系统的结构框图如图 1.1.6 所示。

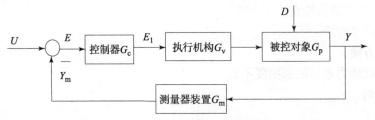

图 1.1.6　闭环自动控制框图

闭环控制系统中的基本术语有：

(1) Y：被控量或输出量。

(2) E_1：控制量。

(3) U：设定量或输入量。

(4) D：扰动量。

(5) Y_m：反馈量。

(6) E：偏差量。

(7) 从输入量 U 到输出量 Y 为前向通道或正向通道。

3）确定控制器的正反作用

根据图 1.1.6 的输入和输出关系，首先确定被控对象 G_p 增益的正负，保证控制系统成为负反馈。

(1) 负反馈准则：控制系统开环总增益为正。

(2) 开环总增益：各组成环节的增益之积。

(3) 环节的增益为正：当环节输入增加时，其输出也增加。

(4) 负反馈准则：$G_c G_v G_p > 0$。

(5) 根据检测变送环节的输入 – 输出关系，确定检测变送环节增益的正负。

(6) 根据负反馈准则，确定控制器的正反作用。

4）锅炉水位控制系统框图

为了实现各种复杂的控制任务，被控对象的输出量（被控量）是要求严格加以控制的物理量。系统分析需要将被控制对象和控制装置按照一定的方式连接起来，组成系统框图，图 1.1.1 所示的锅炉水位控制系统框图如图 1.1.7 所示。

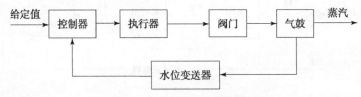

图 1.1.7　锅炉水位控制系统框图

5）闭环控制系统的特点

(1) 具有纠正偏差的能力。

(2) 抗扰性好，控制精度高。

(3) 包含元件多，结构复杂，价格高。

(4) 参数应选择适当，可形成自动控制。

1.1.3　程序自动控制

随着计算机技术的广泛应用，生产过程中程序控制应用比较普遍，如多种液体自动混合加热控制、药品生产中按照配方控制比例均属于程序控制，它的设定值是按照一定的时间函数变化的，即设定值要按照预定的程序来控制被控制量，控制器按照给定功能预设一个程序，按照时间变化控制整个过程。例如，数控机床中的加工中心，自动换刀过程就是程序控制，原则上程序控制可以是开环的，但常用闭环的反馈来消除加工误差，提高被加工工件的精度。

例如，图 1.1.7 所示的锅炉水位控制系统，可以使用程序控制方式，控制框图如图 1.1.8 所示。

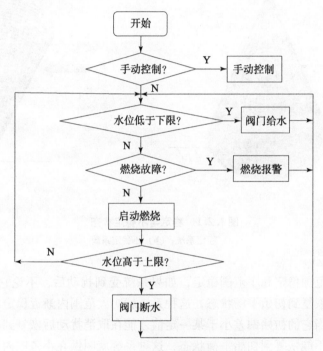

图 1.1.8　锅炉自动控制控制流程

污水处理中要用到大量的阀门、泵、风机等机械设备，它们常常要根据一定的程序、时间和逻辑关系定时开、停水。处理的工艺过程需要在一定的温度、压力、流量、液位、浓度等工艺条件下进行。由于外界干扰等原因，这些数值总会发生一些变化，与工艺设定值产生偏差，为了保持参数设定值，就必须对工艺过程施加一个作用，以消除这种偏差，从而使参数回到设定值，这时可使用程序控制。

1.2　控制系统的稳定性

稳定性是控制系统的关键因素，如果系统不稳定就无法完成自动控制。稳定性表示了当控制系统承受各种扰动时还能保持其预定工作状态的能力，只有稳定的系统才可能获得实际应用。

1.2.1 稳定性的描述

例如，放在平面上的两个圆锥，如图 1.2.1 所示。在没有外力推动（干扰）状态下，两个锥体处于平衡状态，属于稳定系统；当推动锥体时（加扰动），图 1.2.1 会偏离其平衡状态而产生初始偏差，扰动消失后图 1.2.1（a）受到重力作用还能回到原始状态，图 1.2.1（b）无法到达原始状态，则称图 1.2.1（a）是稳定的，而图 1.2.1（b）是不稳定或小范围稳定的。稳定性是指扰动消失后，由初始偏差回复到原平衡状态的能力。若系统在受到外界扰动情况下，扰动作用消失后能恢复到原平衡状态，该系统是稳定的。若偏离平衡状态的偏差越来越大，则系统是不稳定的。

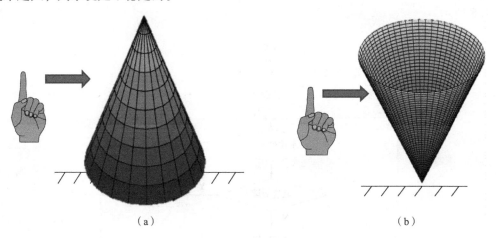

（a）   （b）

图 1.2.1 稳定与不稳定状态
（a）稳定系统；（b）不稳定系统

稳定性又分大范围稳定和小范围稳定，如果系统受到扰动后，不论它的初始偏差多大，都能以足够的精度恢复到初始平衡状态，这种系统就叫大范围内渐近稳定的系统。如果系统受到扰动后，只有当它的初始偏差小于某一定值才能在取消扰动后恢复到初始平衡状态，当大于限定值时，就不能恢复到初始平衡状态，这种系统就叫做在小范围内稳定的系统。

例如，飞机飞行时受到气流（扰动）后，飞行员无须进行任何操纵的情况下仍能够回到初始状态，则称飞机是稳定的，反之则称飞机是不稳定的。飞机本身必须是稳定的，当遇到强气流等扰动时，飞行员不用干预飞机，飞机会自动回到平衡状态；如果飞机是不稳定的，在遇到扰动时，飞行员必须对飞机进行操纵以保持平衡状态，否则飞机就会偏离轨道，造成飞行事故。因此，稳定性是系统本身的特征。

1.2.2 稳定性的图形表示

稳定性可以用定量表示或用图形描述，其目的是确定随时间变化输出与输入的关系。例如，设定了输入温度，测量实际输出温度的变化，或设定了航线，测量飞机跟踪飞行轨迹等，当系统的输出能跟随输入值时，称系统是稳定的，否则不稳定。只有满足稳定性的要求，设备才能正常工作。若针对被控系统输入 0 – 1 的阶跃信号，系统的输出能跟随输入就是稳定系统，如图 1.2.2 所示。

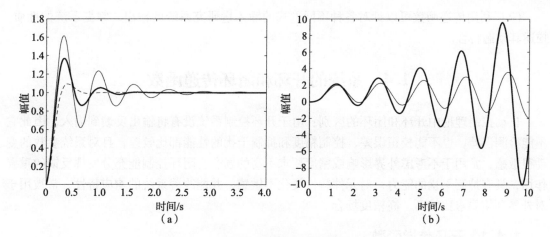

图 1.2.2 稳定性图形表示

（a）稳定曲线；（b）不稳定曲线

1.3 传递函数模型

对于一个实际系统，根据系统的物理、化学等运动规律写出输出与输入关系，这种关系的数学模型称为传递函数。常用的传递函数有有理多项分式表达式、零极点增益表达式、状态空间微分方程形式，这些模型之间都有着内在的联系，可以相互进行转换。

1.3.1 传递函数的定义

传递函数的定义：在零初始条件下，线性系统输出量的拉普拉斯变换与输入量的拉普拉斯变换之比，若用 $Y(s)$、$U(s)$ 表示输出量和输入量的拉普拉斯变换，则传递函数记作

$$G(s) = \frac{Y(s)}{U(s)}$$

对应复杂系统，可根据组成系统各单元的传递函数之间的连接关系，导出整体系统的传递函数，可用它分析系统的稳定性和动态特性，再根据给定要求设计满意的控制器。

1.3.2 传递函数的性质

（1）传递函数是系统本身的一种属性，它与输入量或驱动函数的大小和性质无关。

（2）传递函数包含联系输入量与输出量所必需的单位，但是它不提供有关系统物理结构的任何信息，许多物理上完全不同的系统，可以具有相同的传递函数，称之为相似系统。

（3）由于传递函数是在零初始条件下定义的，因此不能反映在非零初始条件下系统的运动情况。

1.3.3 传递函数的主要应用

（1）分析系统参数变化对输出响应的变化，研究系统参数变化或结构变化对系统动态过程的影响。

（2）利用传递函数可以针对各种不同形式的输入量研究系统的输出，掌握系统的性质，描述其动态特性。

1.4　系统的开环和闭环传递函数

自动控制理论中开环和闭环的区别：由于开环控制系统没有将输出反馈到输入，因此它不能检测误差，也不能校正误差，控制精度和抑制干扰的性能都比较差，且对系统参数的变动很敏感，常用于不考虑外界影响或精度要求不高的场合。闭环控制能充分发挥反馈的重要作用，具有抑制干扰的能力，对元件特性变化不敏感，并能改善系统的响应特性，常被用于对外界环境要求比较高、高精度场合。

1.4.1　开环传递函数

开环控制框图如图 1.4.1 所示。

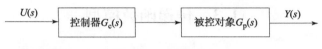

图 1.4.1　开环控制框图

开环传递函数为通道中所有传递函数的积，即

$$G_0(s) = \frac{Y(s)}{U(s)} = G_c(s)G_p(s)$$

1.4.2　闭环传递函数

闭环控制框图如图 1.4.2 所示。

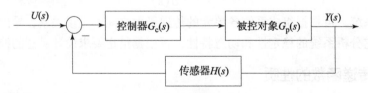

图 1.4.2　闭环控制框图

闭环系统的传递函数为

$$G(s) = \frac{Y(s)}{U(s)} = \frac{G_c(s)G_p(s)}{1 + G_c(s)G_p(s)H(s)}$$

针对闭环传递函数，分母多项式 $1 + G_c(s)G_p(s)H(s)$ 称为闭环系统的特征多项式，令该多项式为零，即 $1 + G_c(s)G_p(s)H(s) = 0$ 称为闭环系统的特征方程。方程的根称为闭环系统的特征根或闭环系统的极点。若特征方程的根所有实部都是负数，则系统是稳定的，零点位置不会影响系统的稳定性。

1.5 传递函数的常用形式及建立方法

自动控制理论中建立数学模型,即建立输出与输入关系的表达式,常用方法有理论建模法和实验法。理论建模是以物理、电学、力学等量的关系建立微分方程,再经过拉氏变换转化为传递函数;实际工程中,由于研究对象过于复杂,无法建立等量关系,此时通过实验系统辨识的方法来建立,也称为实验法。MATLAB 的常用模型形式有多项式、零极点和状态空间形式,控制系统的分析均是在建立数学模型基础上进行的。

1.5.1 多项式传递函数形式

1. 建立连续系统传递函数

$$G(s) = \frac{Y(s)}{U(s)} = \frac{b_1 s^m + b_2 s^{m-1} + \cdots + b_m s + b_{m+1}}{a_1 s^n + a_2 s^{n-1} + \cdots + a_n s + a_{n+1}} \qquad (1-5-1)$$

语法:

G = tf([b₁,b₂,...,bₘ,bₘ₊₁], [a₁,a₂,...,aₙ₋₁,aₙ])

或:

G = tf(num,den)

说明:

num = [b₁,b₂,...,bₘ,bₘ₊₁]为分子向量;

den = [a₁,a₂,...,aₙ₋₁,aₙ]为分母向量。

【例 1-5-1】 建立连续系统传递函数。

$$G(s) = \frac{Y(s)}{U(s)} = \frac{13s^2 + 4s^2 + 6}{5s^4 + 3s^3 + 16s^2 + s + 7}$$

程序命令:

G = tf([13,4,0,6],[5,3,16,1,7])

或:

num = [13,4,0,6]; den = [5,3,16,1,7]; G = tf(num,den)

结果:

```
Transfer function:
       13 s^3 + 4 s^2 + 6
    ---------------------------
    5 s^4 + 3 s^3 + 16 s^2 + s + 7
```

2. 建立离散系统传递函数

离散系统传递函数是在零初始条件下,离散输出信号的 z 变换与离散输入信号的 z 变换之比。

命令格式:

G = tf(num,den,Ts)   %由分子、分母得出脉冲传递函数

说明:Ts 为采样周期,为标量,当采样周期用 -1 表示时,表示未定义采样周期,自变量用"z"表示。

【例 1 – 5 – 2】 建立【例 1 – 5 – 1】连续系统的离散传递函数，它是离散采样的系统模型。当采样周期未定义时取 – 1 或［　］。

程序命令：

```
num = [13,4,0,6]; den = [5,3,16,1,7]; G = tf(num,den, -1)
```

结果：

$$
G = \frac{13\ z^3 + 4\ z^2 + 6}{5\ z^4 + 3\ z^3 + 16\ z^2 + z + 7}
$$

3. 建立复杂系统传递函数

【例 1 – 5 – 3】 使用 conv 多项式乘积命令建立复杂传递函数：

$$
G(s) = \frac{4(s+3)(s^2+7s+6)^2}{s(s+1)^3(s^3+3s^2+5)}
$$

程序命令：

```
den = conv([1 0],conv([1 1],conv([1 1],conv([1 1],[1 3 0 5]))));
num = 4*conv([1,3],conv([1,7,6],[1,7,6]));
G = tf(num,den)
```

得出传递函数：

```
Transfer function:
```

$$
\frac{4\ s^5 + 68\ s^4 + 412\ s^3 + 1068\ s^2 + 1152\ s + 432}{s^7 + 6\ s^6 + 12\ s^5 + 15\ s^4 + 18\ s^3 + 15\ s^2 + 5\ s}
$$

1.5.2　零极点传递函数形式

$$
G(z) = k\frac{(z+z_1)(z+z_2)\cdots(z+z_m)}{(z+p_1)(z+p_2)\cdots(z+p_n)} \tag{1 – 5 – 2}
$$

语法格式：G = zpk(z,p,k)

说明：z 为零点列向量；p 为极点列向量；k 为增益。

【例 1 – 5 – 4】 建立零极点传递函数 $G(s) = \dfrac{7(s+3)}{(s+2)(s+4)(s+5)}$。

程序命令：

```
z = -3; p = [-2, -4, -5]; k = 7
G = zpk(z,p,k)
```

结果：

```
Zero/pole/gain:
```

$$
\frac{7(s+3)}{(s+2)(s+4)(s+5)}
$$

1.5.3　状态空间形式

状态空间模型标准形式为

$$\begin{cases} \dot{x} = Ax + Bu \\ y = Cx + Du \end{cases} \tag{1-5-3}$$

式中：x 为状态向量（n 维）；A 为状态矩阵（$n \times n$ 维）；B 为控制矩阵（$n \times 1$ 维）；u 为控制信号（标量）；y 为输出向量（m 维）；C 为输出矩阵（$1 \times n$ 维）；D 转移矩阵（1 维）。

语法格式：

G = ss(A,B,C,D)　　　　%由 A、B、C、D 参数获得状态方程模型

构造状态空间模型：

A = [a$_{11}$,a$_{12}$,$\cdots$,a$_{1n}$;a$_{21}$,a$_{22}$,$\cdots$,a$_{2n}$; $\cdots$; a$_{n1}$,$\cdots$,a$_{nn}$];

B = [b$_0$,b$_1$,$\cdots$,b$_n$];

C = [c$_1$,c$_2$,$\cdots$,c$_n$];

D = d;

ss(A,B,C,D)

【例 1-5-5】　创建下列状态空间传递函数：

$$\dot{x} = \begin{bmatrix} 0 & 1 & 0 & 0 \\ 0 & 0 & -1 & 0 \\ 0 & 0 & 0 & 1 \\ 0 & 0 & 5 & 0 \end{bmatrix} x + \begin{bmatrix} 0 \\ 1 \\ 0 \\ -2 \end{bmatrix} u$$

$$y = \begin{bmatrix} 1 & 0 & 0 & 0 \end{bmatrix} x + 0u$$

程序命令：

A = [0,1,0,0;0,0,-1,0;0,0,0,1;0,0,5,0];

B = [0;1;0;-2];

C = [1,0,0,0];

[ ]D = 0;

G = ss(A,B,C,D);

G1 = tf(G)

结果：

Transfer function:

```
    s^2 +1.334e -013 s -3
    ------------------------
          s^4 -5 s^2
```

1.5.4　标准传递函数形式

若已知阻尼比 ζ 和自由振动频率 ω_n，标准二阶系统传递函数为

$$G(s) = \frac{Y(s)}{U(s)} = \frac{\omega_n^2}{s^2 + 2\zeta\omega_n + \omega_n^2} \tag{1-5-4}$$

语法格式：

[k,den] = ord2(wn,kscai)　　%wn 为自由振动频率 ω_n，kscai 为阻尼比 ζ；den 为
　　　　　　　　　　　　　　　分母传递函数，k 值为 1

num = wn^2　　　　　　　　%num 为分子传递函数

【例 1 - 5 - 6】 建立 $G(s) = \dfrac{Y(s)}{U(s)} = \dfrac{\omega_n^2}{s^2 + 2\zeta\omega_n s + \omega_n^2}$，当阻尼比 $\zeta = 0.15$，自由振动频率 $\omega_n = 10$ 的标准传递函数。

程序命令：

```
wn =10;kscai =0.15;
[k,den] =ord2(wn,kscai)
G =tf(wn^2,den)
```

结果：

```
G =          100
      --------------
       s^2 +3 s +100
```

1.5.5 延迟环节传递函数形式

在 MATLAB 中建立带延迟环节 $e^{-\tau s}$ 的传递函数，要使用 set 命令完成。

语法格式：

```
set(G,'InputDelay',T)     %G 为传递函数,T 为延迟时间
```

经过这样设置后，传递函数 G 就有了延迟时间。

【例 1 - 5 - 7】 建立 $G(s) = \dfrac{22}{20s + 1}e^{-\tau s}$ 的传递函数。

程序命令：

```
G =tf(22,[20,1]);
T =8;
G1 =set(G,'InputDelay',T)
```

结果：

```
G1 =              22
      exp(-8*s)* --------
                 20 s +1
```

1.5.6 建立传递函数的方法

1. 建立直流电机传递函数

【例 1 - 5 - 8】 已知 Quanser QUBE - Servo 直流电机等效电路如图 1.5.1 所示。其中，电枢电路电感 $L = 1.16$ mH；电枢电路电阻 $R_m = 8.4$ Ω；E 为电动机电枢端反电动势（$E = K_m\omega$），ω 为电动机的角速度，K_m 为电机的反电势常数，$k_m = 0.042$ V/(rad·s^{-1})，它与电流方向相反。I 为电动机电枢电流；电动机轴上的转动惯量 $J_m = 4 \times 10^{-6}$，直流电机轴与负载轮轴相连，轴半径 $r_h = 0.011\ 1$ m，轴质量 $m_h = 0.010\ 6$ kg，动惯量为 J_h，轮轴带动一个金属盘（也可连接旋转摆），金属盘质量 $m_d = 0.053$ kg，半径为 $r_d = 0.024\ 8$ m，转动惯量为 J_d，总转动惯量 $J = J_m + J_h + J_d$。电磁力矩常数 $K_t = 0.042$ N·m/A，建立该电机系统的传递函数。

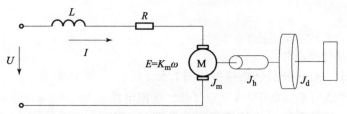

图 1.5.1　直流电机等效电路

步骤：

（1）列写出直流电机电压平衡方程。

电路方程：
$$U = L\frac{\mathrm{d}I}{\mathrm{d}t} + IR_\mathrm{m} + E \qquad (1-5-5)$$

电动式平衡方程：
$$E = K_\mathrm{m}\omega \qquad (K_\mathrm{m}\text{ 为电动势常数}) \qquad (1-5-6)$$

转矩平衡方程：
$$J\frac{\mathrm{d}\omega}{\mathrm{d}t} = K_\mathrm{t}I \qquad (K_\mathrm{t}\text{ 为电磁力矩常数}) \qquad (1-5-7)$$

其中：$J = J_\mathrm{m} + J_\mathrm{h} + J_\mathrm{d}$，$J_\mathrm{h} = \dfrac{1}{2}m_\mathrm{h}r_\mathrm{h}^2$，$J_\mathrm{d} = \dfrac{1}{2}m_\mathrm{d}r_\mathrm{d}^2$。

解式（1-5-5）、式（1-5-6）、式（1-5-7）三个方程联立：
$$U = L\frac{\mathrm{d}I}{\mathrm{d}t} + \frac{JR_\mathrm{m}}{K_\mathrm{t}}\frac{\mathrm{d}\omega}{\mathrm{d}t} + K_\mathrm{m}\omega \qquad (1-5-8)$$

因为电枢绕阻的电感 L 很小，可忽略第一项，则式（1-5-8）简化为
$$U = \frac{JR_\mathrm{m}}{K_\mathrm{t}}\frac{\mathrm{d}\omega}{\mathrm{d}t} + K_\mathrm{m}\omega \qquad (1-5-9)$$

令初始条件为零，两边进行拉普拉斯变换，得到传递函数 $G(s)$：
$$U(s) = \left(\frac{JR_\mathrm{m}}{K_\mathrm{t}}s + K_\mathrm{m}\right)\omega(s)，\quad G(s) = \frac{\omega(s)}{U(s)} = \frac{K_\mathrm{t}}{JR_\mathrm{m}s + K_\mathrm{m}K_\mathrm{t}} \qquad (1-5-10)$$

（2）整理式（1-5-10）得到简化传递函数为一阶惯性环节：
$$G(s) = \frac{1/K_\mathrm{m}}{\dfrac{JR_\mathrm{m}}{K_\mathrm{m}K_\mathrm{t}}s + 1} = \frac{K}{Ts + 1}$$

其中，
$$K = \frac{1}{K_\mathrm{m}}，\quad T = \frac{JR_\mathrm{m}}{K_\mathrm{t}K_\mathrm{m}} \qquad (1-5-11)$$

（3）代入给定参数值，建立的传递函数为：

$K_\mathrm{m} = 0.042$；$K_\mathrm{t} = 0.042$；$R_\mathrm{m} = 8.4$；$J_\mathrm{m} = 4 \times 10^{-6}$；$m_\mathrm{d} = 0.053$；$r_\mathrm{d} = 0.024\,8$；$m_\mathrm{h} = 0.010\,6$；

$r_\mathrm{h} = 0.011\,1$；$J_\mathrm{h} = 0.5 * m_\mathrm{h} * r_\mathrm{h}\verb|^|2$；$J_\mathrm{d} = 0.5 * m_\mathrm{d} * r_\mathrm{d}\verb|^|2$；

$J = J_\mathrm{m} + J_\mathrm{h} + J_\mathrm{d}$；

$K = 1/K_\mathrm{m}$；$T = (J * R_\mathrm{m})/(K_\mathrm{t} * K_\mathrm{m})$

$G = \mathrm{tf}(K, [T, 1])$

结果为：

```
       23.81
G = ---------------
    0.09977 s +1
```

即：$G = \dfrac{23.8}{0.1s + 1}$

2. 建立倒立摆传递函数

【例 1 - 5 - 9】 Quanser 旋转摆模型如图 1.5.2 所示。已知电机反电势常数当 $k_m = 0.042$ V/(rad/s)，电枢电路电阻 $R_m = 8.4$ Ω，旋转臂转轴连接至系统并被驱动。摆杆臂长 $L_r = 0.085$ m，其逆时针旋转时，转角 θ 正增加。摆杆连接至旋转臂的末端，总长为 $L_p = 0.129$ m，摆杆质量为 $M_p = 0.024$ kg，旋转臂质量为 $M_p = 0.095$ kg，重心位于摆杆中心位置，且绕其质心的转动惯量为 J_p 由，旋转臂粘滞系数 $D_r = 0.0015$ N·m·s/rad，摆的阻尼系数 $D_p = 0.0005$ N·m·s/rad，旋转臂转动惯量为 J_r，重力加速度 $g = 9.8$ m/s²。要求根据给定参数，建立状态空间模型。

图 1.5.2　Quanser 倒立摆模型示意图

步骤：（1）α 为倒立摆转角，当倒立摆在垂直位置时，$\alpha = 0$，计算公式为

$$\alpha = \alpha_{full} \bmod 2\pi - \pi \qquad (1-5-12)$$

mod 为取余数，α_{full} 为编码器测得的摆角，根据非线性运动方程为

$$\left(m_p L_r^2 + \frac{1}{4}m_p L_p^2 - \frac{1}{4}m_p L_p^2 \cos(\alpha)^2 + J_r\right)\ddot{\theta} - \left(\frac{1}{2}m_p L_p L_r \cos(\alpha)\right)\ddot{\alpha} +$$

$$\left(\frac{1}{2}m_p L_p^2 \sin(\alpha)\cos(\alpha)\right)\dot{\theta}\dot{\alpha} + \left(\frac{1}{2}m_p L_p L_r \sin(\alpha)\right)\dot{\alpha}^2 = \tau - D_r\dot{\theta} \qquad (1-5-13)$$

$$\frac{1}{2}m_p L_p L_r \cos(\alpha)\ddot{\theta} + \left(J_p + \frac{1}{4}m_p L_p^2\right)\ddot{\alpha} - \frac{1}{4}m_p L_p^2 \cos(\alpha)\sin(\alpha)\dot{\theta}^2 +$$

$$\frac{1}{2}m_p L_p g\sin(\alpha) = -D_p\dot{\alpha} \qquad (1-5-14)$$

其驱动扭矩由位于旋转臂基座的伺服电机输出，动力方程为

$$\tau = \frac{k_m(V_m - k_m\dot{\theta})}{R_m} \qquad (1-5-15)$$

对非线性运动方程在工作点附近进行局部线性化，最终得倒立摆线性运动方程为

$$(m_p L_r^2 + J_r)\ddot{\theta} - \frac{1}{2}m_p L_p L_r\ddot{\alpha} = \tau - D_r\dot{\theta} \qquad (1-5-16)$$

和

$$\frac{1}{2}m_p L_p L_r\ddot{\theta} + \left(J_p + \frac{1}{4}m_p L_p^2\right)\ddot{\alpha} + \frac{1}{2}m_p L_p g\alpha = -D_p\dot{\alpha} \qquad (1-5-17)$$

求解加速度项得

$$\dot{\theta} = \frac{1}{J_T}\left(-\left(J_p + \frac{1}{4}m_p L_p^2\right)D_r\dot{\theta} + \frac{1}{2}m_p L_p L_r D_p\dot{\alpha} + \frac{1}{4}m_p^2 L_p^2 L_r g\alpha + \left(J_p + \frac{1}{4}m_p L_p^2\right)\tau\right)$$

$$(1-5-18)$$

和

$$\ddot{\alpha} = \frac{1}{J_\mathrm{T}}\left(\frac{1}{2}m_\mathrm{p}L_\mathrm{p}L_\mathrm{r}D_\mathrm{r}\dot{\theta} - (J_\mathrm{r}+m_\mathrm{p}L_\mathrm{r}^2)D_\mathrm{p}\dot{\alpha} - \frac{1}{2}m_\mathrm{p}L_\mathrm{p}g(J_\mathrm{r}+m_\mathrm{p}L_\mathrm{r}^2)\alpha - \frac{1}{2}m_\mathrm{p}L_\mathrm{p}L_\mathrm{r}\tau\right)$$

$$(1-5-19)$$

其中

$$J_\mathrm{T} = J_\mathrm{p}m_\mathrm{p}L_\mathrm{r}^2 + J_\mathrm{r}J_\mathrm{p} + \frac{1}{4}J_\mathrm{r}m_\mathrm{p}L_\mathrm{p}^2 \qquad (1-5-20)$$

根据线性状态空间方程：

$$\begin{cases}\dot{x} = Ax + Bu \\ y = Cx + Du\end{cases} \qquad (1-5-21)$$

式中，x 为状态，u 为控制输入，A、B、C 和 D 为状态空间矩阵。对于旋转摆系统，定义状态和输出分别为

$$x^\mathrm{T} = \begin{bmatrix}\theta & \alpha & \dot{\theta} & \dot{\alpha}\end{bmatrix} \qquad (1-5-22)$$

$$y^\mathrm{T} = \begin{bmatrix}x_1 & x_2\end{bmatrix} \qquad (1-5-23)$$

（2）由定义的状态空间模型可得 $\dot{x}_1 = x_3$ 和 $\dot{x}_2 = x_4$。将状态 x 代入运动方程中，如式（1-5-22）给出的 $\theta = x_1$，$\alpha = x_2$，$\dot{\theta} = x_3$，$\dot{\alpha} = x_4$，即可求出 $\dot{x} = Ax + Bu$ 中的 A 和 B 两个矩阵。将状态 x 代入式（1-5-18）和式（1-5-19）得

$$\dot{x}_3 = \frac{1}{J_\mathrm{T}}\left(-\left(J_\mathrm{p}+\frac{1}{4}m_\mathrm{p}L_\mathrm{p}^2\right)D_\mathrm{r}x_3 + \frac{1}{2}m_\mathrm{p}L_\mathrm{p}L_\mathrm{r}D_\mathrm{p}x_4 + \frac{1}{4}m_\mathrm{p}^2L_\mathrm{p}^2L_\mathrm{r}gx_2 + \left(J_\mathrm{p}+\frac{1}{4}m_\mathrm{p}L_\mathrm{p}^2\right)u\right)$$

$$(1-5-24)$$

和

$$\dot{x}_4 = \frac{1}{J_\mathrm{T}}\left(\frac{1}{2}m_\mathrm{p}L_\mathrm{p}L_\mathrm{r}D_\mathrm{r}x_3 - (J_\mathrm{r}+m_\mathrm{p}L_\mathrm{r}^2)D_\mathrm{p}x_4 - \frac{1}{2}m_\mathrm{p}L_\mathrm{p}g(J_\mathrm{r}+m_\mathrm{p}L_\mathrm{r}^2)x_2 - \frac{1}{2}m_\mathrm{p}L_\mathrm{P}L_\mathrm{r}u\right)$$

$$(1-5-25)$$

（3）旋转臂和摆杆转动惯量 J_r 和 J_p 计算公式：

$$J_\mathrm{r} = \frac{M_\mathrm{r}L_\mathrm{r}^2}{12}, J_\mathrm{p} = \frac{M_\mathrm{p}L_\mathrm{p}^2}{12} \qquad (1-5-26)$$

（4）方程 $\dot{x} = Ax + Bu$ 中的矩阵 A 和 B 分别为

$$A = \frac{1}{J_\mathrm{T}}\begin{bmatrix} 0 & 0 & J_\mathrm{r} & 0 \\ 0 & 0 & 0 & J_\mathrm{r} \\ 0 & \frac{1}{4}m_\mathrm{p}^2L_\mathrm{p}^2L_\mathrm{r}g & -\left(J_\mathrm{p}+\frac{1}{4}m_\mathrm{p}L_\mathrm{p}^2\right)D_\mathrm{r} & \frac{1}{2}m_\mathrm{p}L_\mathrm{p}L_\mathrm{r}D_\mathrm{p} \\ 0 & -\frac{1}{2}m_\mathrm{p}L_\mathrm{p}g(J_\mathrm{r}+m_\mathrm{p}L_\mathrm{r}^2) & \frac{1}{2}m_\mathrm{p}L_\mathrm{p}L_\mathrm{r}D_\mathrm{r} & -(J_\mathrm{r}+m_\mathrm{p}L_\mathrm{r}^2)D_\mathrm{p} \end{bmatrix}$$

$$B = \frac{K_\mathrm{m}}{J_\mathrm{T}R_\mathrm{m}}\begin{bmatrix} 0 \\ 0 \\ J_\mathrm{p}+\frac{1}{4}m_\mathrm{p}L_\mathrm{p}^2 \\ -\frac{1}{2}m_\mathrm{p}L_\mathrm{p}L_\mathrm{r} \end{bmatrix} \qquad (1-5-27)$$

（5）由（1-5-27）代入给定的参数，MATLAB 编程实现求取状态空间模型：

```
clc;
Lr = 0.085;Lp = 0.129;Mp = 0.024;Mr = 0.095;
Jp = Mp* Lp^2/12;Jr = Mr* Lr^2/12;
Rm = 8.4;Km = 0.042;
Dr = 0.0015;Dp = 0.0005;
g = 9.8;
Jt = Jp* Mp* Lr^2 + Jr* Jp + Jr* Mp* Lp^2/4;
temp = Mp* Lp/2;
A = 1/Jt* [0 0 Jt 0;
    0 0 0 Jt;
    0 temp^2* Lr* g  - (Jp + Mp* Lp^2/4)* Dr temp* Lr* Dp;
    0 - temp* g* (Jr + Mp* Lr^2)temp* Lr* Dr - (Jr + Mp* Lr^2)* Dp]
B = Km. /(Jt* Rm). * [0;0;Jp + temp^2/Mp; - temp* Lr]
```

结果：

```
A =        0            0            1            0
           0            0            0            1
           0         149.122 9    - 14.918 3     4.914 9
           0        - 261.342 4     14.744 8    - 8.613 6
B =          0
             0
          49.7275
         - 49.1493
```

即状态空间模型为

$$A = \begin{bmatrix} 0 & 0 & 1 & 0 \\ 0 & 0 & 0 & 1 \\ 0 & 149.275\ 1 & -0.010\ 4 & 0 \\ 0 & -261.609\ 1 & -0.010\ 3 & 0 \end{bmatrix}, \quad B = \begin{bmatrix} 0 \\ 0 \\ 49.727\ 5 \\ 49.149\ 3 \end{bmatrix}$$

在输出方程中，由于倒立摆系统中只有伺服位置和关节角度传感器可被检测，因此，输出方程中 C 和 D 两个矩阵分别为

$$C = \begin{bmatrix} 1 & 0 & 0 & 0 \\ 0 & 1 & 0 & 0 \end{bmatrix}, \quad D = \begin{bmatrix} 0 \\ 0 \end{bmatrix}$$

1.6　传递函数的形式转换

传递函数模型：　　　　G = tf(num,den)
零极点增益模型：　　　G = zpk(z,p,k)
状态空间模型：　　　　G = ss(A,B,C,D)

1.6.1　多项式到零极点传递函数

```
[z,p,k] = tf2zp(num,den);
```

G = zpk(z,p,k)

1.6.2　零极点到多项式传递函数

[num,den] = zp2tf(z,p,k);

G = tf(num,den)

1.6.3　多项式传递函数到状态空间

[A,B,C,D] = tf2ss(num,den);

G = ss(A,B,C,D)

1.6.4　状态空间到多项式传递函数

[num,den] = ss2tf(A,B,C,D);

G = tf(num,den)

1.6.5　零极点到状态空间

[A,B,C,D] = zp2ss(z,p,k);

G = ss(A,B,C,D)

1.6.6　状态空间到零极点传递函数

[z,p,k] = ss2zp(A,B,C,D);

G = zpk(z,p,k)

【例 1 - 6 - 1】　将下列零极点传递函数转换成多项式形式和状态空间形式：

$$G(s) = \frac{4(s+7)(s+2)}{(s+3)(s+5)(s+9)}$$

程序命令：

```
z = [ -7; -2];          %注意 z 必须是列向量
p = [ -3, -5, -9];
k = 4;
G1 = zpk(z,p,k)
[num,den] = zp2tf(z,p,k);
G2 = tf(num,den)
[A,B,C,D] = zp2ss(z,p,k);
G3 = ss(A,B,C,D)
```

结果：

```
        4 (s +7)(s +2)
G1 = --------------------
      (s +3)(s +5)(s +9)
  Continuous - time zero/pole/gain model.
        4 s^2 +36 s +56
G2 = ------------------------
      s^3 +17 s^2 +87 s +135
```

Continuous‑time transfer function.

G3 =

A =

	x1	x2	x3
x1	-3	0	0
x2	1	-14	-6.708
x3	0	6.708	0

B =

	u1
x1	1
x2	0
x3	0

C =

	x1	x2	x3
y1	4	-20	-18.48

D =

	u1
y1	0

Continuous‑time state‑space model.

【例1−6−2】 将下列多项式传递函数转换为状态空间模型，再转换成零极点传递函数：

$$G(s) = \frac{s^3 + 7s^2 + 24s + 24}{s^4 + 10s^3 + 35s^2 + 50s + 24}$$

程序命令：

num = [1,7,24,24]; den = [1,10,35,50,24];
[A,B,C,D] = tf2ss(num,den)
G = ss(A,B,C,D)
[z,p,k] = ss2zp(A,B,C,D);
G1 = zpk(z,p,k)

结果：

A =

-10	-35	-50	-24
1	0	0	0
0	1	0	0
0	0	1	0

B =

1
0
0
0

C =

	1	7	24	24

D = 0

G =

```
A =
     x1      x2      x3      x4
 x1  -10    -35     -50     -24
 x2    1      0       0       0
 x3    0      1       0       0
 x4    0      0       1       0
B =
             u1
 x1           1
 x2           0
 x3           0
 x4           0
C =
     x1      x2      x3      x4
 y1   1       7      24      24
     D =
             u1
 y1           0
```

Continuous-time state-space model.

G1 =

　　(s+1.539)(s^2+5.461s+15.6)

　　─────────────────────────────

　　　　(s+4)(s+3)(s+2)(s+1)

Continuous-time zero/pole/gain model.

【例 1-6-3】　将下列状态空间模型转换成多项式和零极点形式的传递函数：

$$\begin{bmatrix} \dot{x}_1 \\ \dot{x}_2 \\ \dot{x}_3 \end{bmatrix} = \begin{bmatrix} -6 & -5 & -10 \\ 1 & 0 & 0 \\ 0 & 1 & 0 \end{bmatrix} \begin{bmatrix} x_1 \\ x_2 \\ x_3 \end{bmatrix} + \begin{bmatrix} 1 \\ 0 \\ 0 \end{bmatrix} \boldsymbol{u}$$

$$\boldsymbol{y} = \begin{bmatrix} 0 & 10 & 10 \end{bmatrix} \begin{bmatrix} x_1 \\ x_2 \\ x_3 \end{bmatrix}$$

程序命令：

```
A=[-6,-5,-10;1,0,0;0,1,0];B=[1;0;0];C=[0,10,10];D=0;
[num,den]=ss2tf(A,B,C,D);
G=tf(num,den)
[z,p,k]=ss2zp(A,B,C,D);
G=zpk(z,p,k)
```

结果：

Transfer function:

$$\frac{5.329e - 015\ s^2 + 10\ s + 10}{s^3 + 6\ s^2 + 5\ s + 10}$$

Zero/pole/gain:

$$\frac{10\,(s + 1)}{(s + 5.418)(s^2 + 0.5822s + 1.846)}$$

Transfer function:

$$\frac{7\ s^3 + 32.5\ s^2 + 23\ s + 5.5}{5\ s^4 + 19.5\ s^3 + 15.5\ s^2 + 6.5\ s + 1.5}$$

1.6.7　由传递函数获取系数

语法格式：

[num,den] = tfdata(G,'v')　　%G 为多项式传递函数,num、den 为多项式分子分母系数

[z,p,k] = zpkdata(G,'v')　　%G 为多项式传递函数,z,p,k 为零极点及放大系数

【例1-6-4】　根据【例1-6-2】传递函数获取分子分母系数和零极点值。

G = tf([1 7 24 24],[1 10 35 50 24]);

[num,den] = tfdata(G,'v')

[z,p,k] = zpkdata(G,'v')

结果：

```
num =    0     1     7    24    24
den =    1    10    35    50    24
z = -2.7306 + 2.8531i
    -2.7306 - 2.8531i
    -1.5388 + 0.0000i
p = -4.0000
    -3.0000
    -2.0000
    -1.0000
k =         1
```

第 2 章
基于 MATLAB 虚拟仿真实验

MATLAB 虚拟仿真实验以软件平台为教学工具，代替传统的自动控制原理实验箱硬件设备，使用 MATLAB 程序命令或 GUIDE 指令构建人 – 机交互界面，完成控制系统建模、稳定性判断、时域分析、频域分析、根轨迹分析、状态空间分析、非线性分析及控制器设计等实验。学生通过使用虚拟仿真技术，使其创新能力和实践能力能得到提高。

实验一 框图化简

一、实验目的

（1）理解传递函数的连接形式，系统的输入、输出关系及组成。
（2）掌握将复杂的系统传递函数转化为典型环节系统传递函数的等效变换方法。

二、实验案例及说明

1. 单输入 – 单输出系统结构

1）串联结构

命令格式：

G = G1 * G2 或：G = series(G1,G2)

也可直接写成：

[num,den] = series(num1,den1,num2,den2)

串联结构示意图如图 2.1.1 所示。

【例 2 – 1 – 1】 化简图 2.1.2 所示结构为最简传递函数。

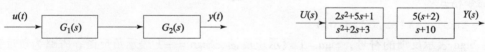

图 2.1.1 串联结构示意图　　　　图 2.1.2 化简串联结构

命令程序：

G1 = tf([2,5,1],[1,2,3]);

G2 = zpk(-2, -10,5);

G = G1 * G2 或：G = series(G1,G2)

结果：

G =

　10(s +2.281)(s +2)(s +0.2192)

```
                    (s +10)(s^2 +2s +3)
Continuous - time zero/pole/gain model.
```

2）并联结构

并联结构示意图如图 2.1.3 所示。

命令格式：

```
G = G1 + G2
G = paralle(G1,G2)
```

也可直接写成：

```
[num,den]=parallel(num1,den1,num2,den2)
```

【例 2 -1 -2】 化简图 2.1.4 所示结构为最简传递函数。

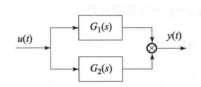

图 2.1.3　并联结构示意图　　　　图 2.1.4　化简并联结构

命令程序：

```
G1 = tf([2,5,1],[1,2,3]);
G2 = zpk(-2, -10,5);
G = G1 + G2   或:G = parallel(G1,G2)
```

结果：

```
G =   7(s +0.6837)(s^2 +5.745s +8.358)

      ------------------------------------

            (s +10)(s^2 +2s +3)
Continuous - time zero/pole/gain model.
```

3）反馈结构

反馈结构示意图如图 2.1.5 所示。其中，“ +”为正反馈，“ -”为负反馈。

命令格式：

```
G = feedback(G1,G2,Sign)
```

其中：Sign 表示反馈的符号，Sign =1 表示正反馈，Sign = -1 表示负反馈，省略为负反馈。

也可以直接写成：

```
[num,den] = feedback(num1,den1,num2,den2,sign)
```

【例 2 -1 -3】 化简图 2.1.6 所示结构为最简传递函数。

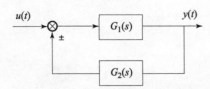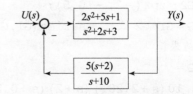

图 2.1.5　反馈结构示意图　　　　图 2.1.6　化简反馈结构

命令程序:

```
G1 = tf([2,5,1],[1,2,3]);
G2 = zpk(-2, -10,5);
G = feedback(G1,G2, -1)   或: G = feedback(G1,G2)
```

结果:

```
G =   0.18182 (s +10)(s +2.281)(s +0.2192)
      --------------------------------------
      (s +3.419)(s^2 +1.763s +1.064)
Continuous - time zero/pole/gain model.
```

4) 复杂结构

复杂结构一般是多种形式,其示意图如图 2.1.7 所示。

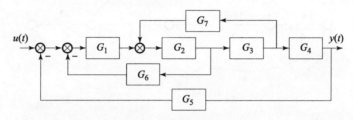

图 2.1.7 复杂结构示意图

(1) 先按照梅逊公式画成信号流图的形式,并按各个模块的通路顺序编号,主通道从左到右顺序排列,如图 2.1.8 所示。

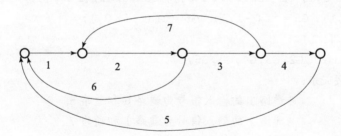

图 2.1.8 信号流图

(2) 建立无连接的数学模型。使用 append 命令实现各模块未连接的系统矩阵:

```
G = append(G1,G2,G3,…)
```

(3) 指定连接关系:写出各通路的输入 - 输出关系矩阵 Q,其第一列是模块通路编号,从第二列开始的各列分别为进入该模块的所有通路编号;INPUTS 为系统整体的输入信号所加入的通路编号;OUTPUTS 为系统整体的输出信号所在通路编号。

(4) 使用 connect 命令构造整个系统的模型:

```
Sys = connect(G, Q, INPUTS, OUTPUTS)
```

若各模块都使用传递函数,也可以用 blkbuild 命令建立无连接的数学模型,则步骤 (2) 修改如下:

将各通路的信息存放在变量中,通路数放在 nblocks,各通路传递函数的分子和分母分别放在不同的变量中;用 blkbuild 命令求取系统的状态方程模型。

【例 2 – 1 – 4】 化简图 2.1.9 所示的复杂结构传递函数。

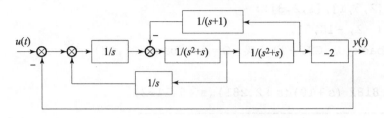

图 2.1.9 化简复杂结构

（1）根据系统结构框图绘制的信号流图如图 2.1.10 所示。

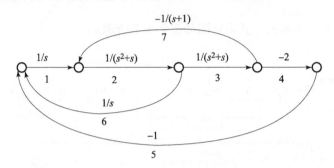

图 2.1.10 模块的信号流图

（2）使用 append 命令实现各模块未连接的系统矩阵：

G1 = tf(1,[1 0]); G2 = tf(1,[1 1 0]); G3 = tf(1,[1 1 0]);
G4 = tf(-2,1); G5 = tf(-1,1); G6 = tf(1,[1 0]);
G7 = tf(-1,[1 1]);
Sys = append(G1,G2,G3,G4,G5,G6,G7)

（3）指定连接关系：

```
Q = [1 6 5;          %通路 1 的输入信号为通路 6 和通路 5
     2 1 7;          %通路 2 的输入信号为通路 1 和通路 7
     3 2 0;          %通路 3 的输入信号为通路 2
     4 3 0;          %通路 4 的输入信号为通路 3
     5 4 0;          %通路 5 的输入信号为通路 4
     6 2 0;          %通路 6 的输入信号为通路 2
     7 3 0];         %通路 7 的输入信号为通路 3
INPUTS = 1;          %系统总输入由通路 1 输入
OUTPUTS = 4;         %系统总输出由通路 4 输出
```

其中：Q 矩阵的第一列为通路号，第二列开始为各通路输入信号的通路号；INPUTS 为系统的输入信号的通路号；OUTPUTS 为系统总的输出信号的通路号。

（4）使用 connect 命令构造整个系统的模型：

```
G = connect(Sys,Q,INPUTS,OUTPUTS),
```

结果：   -2 s^2 -2 s -1.11e -01

$$s^7 + 3 s^6 + 3 s^5 + s^4 - s^3 - 3 s^2 - 3 s - 2.915e - 016$$

2. 多输入 – 多输出系统

当在多输入 – 多输出系统中，需要增加输入变量和输出变量的编号：

级联：sys = series(G1,G2,outputA, inputB)

并联：sys = parallel(G1,G2,InputA,InputB,OutputA,OutputB)

三、实验内容与要求

（1）已知传递函数 $G_1 \sim G_5$，化简图 2.1.11 所示的框图，计算总传递函数。

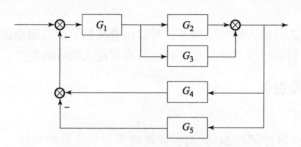

图 2.1.11　化简复杂结构

$$G_1(s) = \frac{1}{s^2 + 2s + 1}, \qquad G_2(s) = \frac{1}{s+1}$$

$$G_3(s) = \frac{1}{2s+1}, \qquad G_4(s) = \frac{2}{3s+1}$$

$$G_5(s) = \frac{s}{4s-1}$$

（2）化简图 2.1.12 所示的框图，根据图 2.1.13 所示信号流图，求总传递函数。

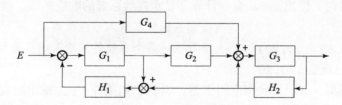

图 2.1.12　化简复杂结构

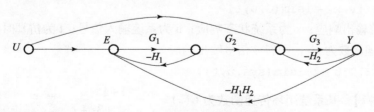

图 2.1.13　化简复杂结构信号流图

（3）写出操作体会。

四、思考题

（1）使用 MATLAB 的框图化简是否适合所有系统？

（2）绘制信号流图的规则依据是什么？

实验二　控制系统的瞬态响应分析

一、实验目的

（1）掌握系统在某一输入信号作用下，其输出量从初始状态到稳定状态的响应过程。

（2）研究分析控制系统稳定性、动态特性与典型输入信号的关系。

二、实验案例及说明

1. 单位脉冲响应

当输入信号为单位脉冲函数 $\delta(t)$ 时，系统输出为单位脉冲响应，可使用 impulse( ) 命令计算和显示连续系统的响应曲线，命令格式：

    [y,x,t] = impulse(num,den,t)　或　impulse(G)

其中，t 为仿真时间；y 为时间 t 的输出响应；x 为时间 t 的状态响应。

2. 单位阶跃响应

当输入为单位阶跃信号时，系统的输出为单位阶跃响应，使用 step( ) 命令计算和显示连续系统的响应曲线，命令格式：

    [y,x,t] = step(G,t)　或 step(G)　　　%t 为设置的时间,缺省 t,系统自动设置时间

3. 零输入响应

当无输入信号时，使用 initial 命令计算和显示连续系统的响应曲线，命令格式：

    initial(G,x0)　　　　　　　　　%绘制系统的零输入响应曲线

    initial(G1,G2,...,x0)　　　　　%绘制系统多个系统的零输入响应曲线

    [y,t,x] = initial(G,x0)

其中，G 为系统模型，必须是状态空间模型；x0 为初始条件；y 为输出响应；t 为时间向量，可省略；x 为状态变量响应，可省略。

4. 任意函数作用下系统的响应

命令格式：[y,x] = lsim(G,u,t)

其中，y 为系统输出响应；x 为系统状态响应；u 为系统输入信号；t 为仿真时间。

若输出传递函数为 sys，则斜波信号输出响应为：

t = 0:0.1:10;u = t;lsim(sys,u,t);

【例 2 – 2 – 1】　某系统闭环传递函数为 $G(s) = \dfrac{s+1}{s^3 + 2s^2 + 3s + 1}$。要求：

（1）画出单位脉冲响应曲线；

（2）画出单位阶跃响应曲线；

（3）画出单位斜波响应曲线；

（4）画出初始条件为 [1 2 1] 时的零输入响应。

命令程序：

```
num = [1,1];den = [1,2, 3,1];G = tf(num,den);
subplot(2,2,1);impulse(G); subplot(2,2,2);step(G);
subplot(2,2,3);u = t;lsim(G,u,t); subplot(2,2,4);
G2 = ss(G);X0 = [1;2;1];initial(G2,X0)
```

几种典型输入信号的输出结果如图 2.2.1 所示。

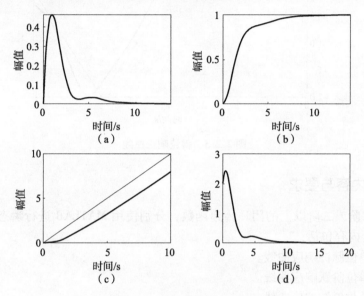

图 2.2.1　典型输入响应曲线

（a）单位脉冲响应；（b）单位阶跃响应；（c）单位斜波响应；（d）零输入响应

【例 2 - 2 - 2】　闭环系统如图 2.2.2（a）所示，系统输入信号为图 2.2.2（b）所示的三角波，求系统输出响应。

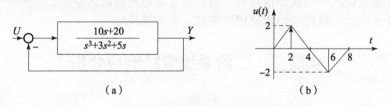

图 2.2.2　反馈系统及输入信号

（a）闭环系统；（b）三角波输入

命令程序：

```
Gg = tf([10,20],[1,3,5 0]);
G = feedback(Gg,1);
v1 = [0:0.1:2];v2 = [1.9:-0.1:-2]; v3 = [-1.9:0.1:0];
t = [0:0.1:8]; u = [v1,v2,v3]; [y,x] = lsim(G,u,t);
plot(t,y,t,u); xlabel('Time [sec]');
ylabel('theta [rad]'); grid on;
```

结果如图 2.2.3 所示。

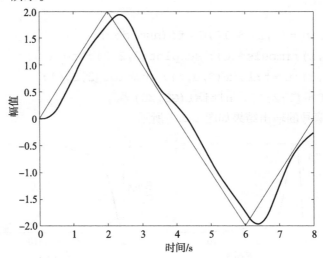

图 2.2.3　斜波响应曲线

三、实验内容与要求

自行构造二阶或二阶以上的闭环传递函数，分别使用 MATLAB 进行瞬态响应分析，并画出响应曲线。内容包括：

（1）画出单位脉冲响应曲线。

（2）画出单位阶跃响应曲线。

（3）画出单位斜波响应曲线。

（4）求出其两个状态变量初始条件为［1 2］时的零输入响应。

四、思考题

（1）简要说明输入不同典型信号对分析控制系统稳定性的区别。

（2）为什么自动控制理论中常使用阶跃信号作为系统输入？

实验三　二阶系统阶跃响应分析

一、实验目的

（1）研究二阶系统在给定阶跃输入作用下的输出响应，并分析其动态性能指标。

（2）研究二阶系统闭环传递函数的阻尼比 ξ 和自由振动频率 ω_n 参数变化对系统输出动态性能的影响。

二、实验案例及说明

1. 二阶系统时域动态性能指标

针对二阶系统 $\dfrac{Y(s)}{U(s)} = \dfrac{\omega_\mathrm{n}^2}{s^2 + 2\zeta\omega_\mathrm{n}s + \omega_\mathrm{n}^2}$ 标准传递函数，当 $\zeta = 0$ 时称为无阻尼，$0 < \zeta < 1$ 时

称为欠阻尼，$\zeta = 1$ 时称为临界阻尼，$\zeta > 1$ 时称为过阻尼。当输入阶跃信号时，表征系统输出的动态性能指标一般包括超调量 M_p、稳态时间 t_s、稳态误差 $e_{ss}(\Delta)$、上升时间 t_r 和峰值时间 t_p，各参数的含义如图 2.3.1 所示。

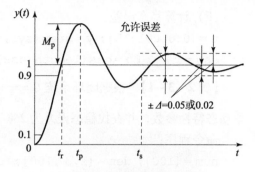

图 2.3.1　二阶系统响应曲线

（1）超调量 M_p：反映系统的平稳性，指系统输出曲线第一个波的峰值与给定值的最大偏差 $y(t_p)$ 与终值之差的百分比，即 $M_p = \dfrac{y(t_p) - y(\infty)}{y(\infty)} \times 100\%$。

（2）稳态时间 t_s（调节时间）：反映系统的整体快速性，指输出曲线达到并保持在一个允许误差范围内所需的最短时间。

（3）上升时间 t_r：反映系统输出的速度快慢。指响应曲线从 0 时刻开始首次到达稳态值的时间。对于无超调系统，定义从到达稳态的 10% 上升到 90% 所需的时间。

（4）峰值时间：反映系统的初始快速性，指阶跃响应输出曲线到达第一峰值所需的时间。

（5）稳态误差 e_{ss}：反映控制系统精度，指输出曲线结束时稳态值与给定值之差，用百分数表示。工程上常取在 ±5% 或 ±2% 的误差范围。

2. 使用绘图命令获取时域动态特性指标

实验中使用 MATLAB 绘图命令 step( )，可单击阶跃响应曲线幅值及稳态值的点，获读取值，或使用程序自动获取参数：

（1）计算超调量：

```
y = step(sys)              %求阶跃响应曲线值
[Y,k] = max(y)             %求 y 的峰值及峰值时间
C = dcgain(sys)            %求取系统的终值
Mp = 100 * (Y - C)/C       %计算超调量
```

（2）计算稳态时间：

```
[y,t] = step(sys);C = dcgain(sys); i = length(t);
while(y(i)>0.98*C)&(y(i)<1.02*C)
i = i -1;
end
ts = t(i)
```

（3）计算上升时间：

```
[y,t] = step(sys); C = dcgain(sys); n = 1;
while y(n)<=C; n = n +1; end;
tr = t(n)        %获得上升时间
```

（4）计算峰值时间：

```
y = step(sys); [Y,k] = max(y)            %求 y 的峰值
tp = t(k)                                %获得峰值时间
```

（5）计算稳态误差：

t = [0:0.001:15]; y = step(sys,t);

ess = 1 - y; Ep = ess(length(ess))

【例 2 - 3 - 1】 根据闭环系统 $G = \dfrac{100}{s^2 + 3s + 100}$ 传递函数绘制阶跃响应曲线，手动单击获取动态特性参数，并查找稳态误差为 2% 下的稳态时间。

命令程序：

num = [100]; den = [1,3 ,100];

G = tf(num,den)

step(G)

结果如图 2.3.2 所示。

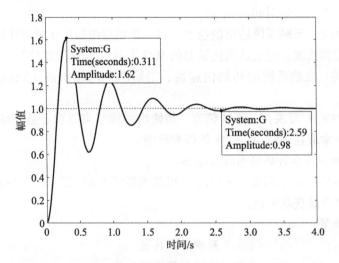

图 2.3.2 欠阻尼阶跃响应曲线

单击图上的峰值点或稳态时间点。从图 2.3.2 可以看出，超调量为 62%，峰值时间为 0.311 s；上升时间为 0.173 s；在 2% 稳态误差下，稳态时间是 2.58 s。

【例 2 - 3 - 2】 根据标准二阶系统传递函数，在自由振动频率 $\omega_n = 1$ 情况下，改变阻尼系数分别为 $\xi = 0$（无阻尼）、$\xi = 0.5$（欠阻尼）、$\xi = 1$（临界阻尼）和 $\xi = 2$（过阻尼），绘制阶跃响应曲线。

命令程序：

num = 1;den1 = [1,0,1]; den2 = [1,0.5,1];

den3 = [1,2,1]; den4 = [1,4,1];

t = 0:0.1:10; %横坐标的线性空间

G1 = tf(num,den1);G2 = tf(num,den2);

G3 = tf(num,den3);G4 = tf(num,den4);

step(G1,t);hold on; %保持曲线

text(3,1.8,'ξ = 0') %标注曲线

step(G2,t);hold on;text(3,1.4,'ξ = 0.5')

step(G3,t);hold on;text(3,0.8,'ξ=1')

step(G4,t);hold on;text(3,0.4,'ξ=2')

结果如图 2.3.3 所示。

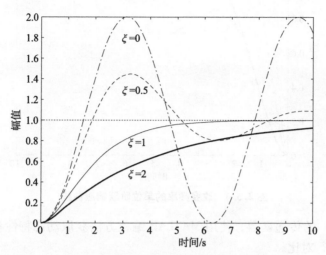

图 2.3.3　改变阻尼的单位阶跃响应曲线

结论：阻尼比越大，超调量越小，达到稳定时间越长，且当临界阻尼时超调量为零。

【例 2 - 3 - 3】　根据标准二阶系统传递函数，在阻尼系数 $\xi=0.5$ 的情况下，改变自由振动频率 $\omega_n=1$，$\omega_n=2$，$\omega_n=3$，绘制阶跃响应曲线。

命令程序：

t=[0:0.1:10];num1=1;den1=[1,1,1];

G1=tf(num1,den1);

step(G1,t);hold on;text(0.2,1.1,'ωn=1');

num2=4;den2=[1,2,4];G2=tf(num2,den2)

step(G2,t);hold on;text(1.8,1.1,'ωn=2');

num3=9;den3=[1,3,9];G3=tf(num3,den3)

step(G3,t);hold on;text(3.5,1.1,'ωn=3');

结果如图 2.3.4 所示。

结论：ω_n 相同，ξ 越大，响应越快；ξ 相同，ω_n 越大，响应越快。

三、实验内容与要求

（1）根据二阶系统的标准传递函数，自定义参数 ω_n、ζ，令 ω_n 不变，绘制 4 种阻尼（无阻尼、欠阻尼、临界阻尼和过阻尼）状态的阶跃响应曲线（要求在一个坐标上绘制）。

（2）根据（1）的传递函数，在欠阻尼状态下，将 ω_n 扩大至原来的 2 倍和缩小至原来的 $\dfrac{1}{2}$，画出三条阶跃响应曲线（要求在一个坐标上绘制）。

（3）根据（1）和（2）绘制的曲线，分别在图上读取动态指标参数并进行分析，写出标准二阶系统中阻尼比、自由振荡频率参数变化对系统阶跃响应曲线的影响。

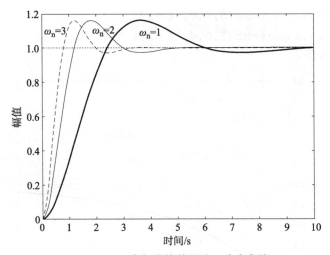

图 2.3.4　改变频率的单位阶跃响应曲线

（4）根据（1）的传递函数，使用 MATLAB 编程方法获取动态特性参数，并与直接从图上获取的参数进行对比。

四、思考题

（1）二阶系统的显著特点是什么？为什么控制系统把二阶系统作为主要分析对象？

（2）二阶系统的动态特性分析为什么使用阶跃信号作为输入？

实验四　稳定性分析

一、实验目的

（1）观察系统稳定与不稳定现象。

（2）改变系统增益对输出性能的影响。

（3）掌握使用闭环特征根、零极点图和劳斯判据判别系统稳定性的方法。

二、实验案例及说明

1. 系统稳定性概述

控制系统得到实际应用的首要条件是系统稳定。当系统工作在平衡状态时，受到扰动会偏离原状态，当扰动消失后，系统又恢复到平衡状态，称系统是稳定的。稳定性是系统的固有特性，由结构、参数决定，与初始条件及外作用无关。稳定性的讲解及图形表示见第1章1.2节。

2. 判别稳定性的方法

1）使用闭环特征多项式的根判定稳定性

线性系统稳定充分必要条件：闭环系统特征方程的所有根具有负实部。由此可使用求根命令判定。

命令格式：

```
roots(den)        %由特征多项式 den,确定系统的根极点
```

【例 2 – 4 – 1】　已知闭环传递函数 $G(s) = \dfrac{11}{s^4 + 5s^3 + 7s^2s + 9s + 11}$，使用 roots 命令判定系统稳定性。

```
den = [1 5 7 9 11];        %输入闭环传递函数特征多项式
p = roots(den);            %求特征多项式极点
p1 = real(p)               %求极点的实部
if p1 < 0
  disp(['稳定'])
else
    disp(['不稳定'])
end
```

结果：不稳定。

2）使用零极点图判定稳定性

命令格式：

```
p = pole(G)      %计算传递函数 G 的极点,当系统有重极点时,计算结果不一定准确
z = tzero(G)              %得出连续和离散系统的零点
[z,gain] = tzero(G)       %获得零点和零极点增益
pzmap(G)                  %绘制传递函数 G 的零极点图
或：pzmap(num,den)        %num,den 表示传递函数分子、分母
```

该命令计算极点和零点，并在复数平面上画出。极点用×表示，零点用〇表示。

若极点都落在左半平面，则系统稳定；否则，系统不稳定。因为这是系统稳定的充分必要条件。

【例 2 – 4 – 2】　根据【例 2 – 4 – 1】的传递函数，使用零极点图判定稳定性。

```
num = 11;
den = [1 5 7 9 11];
pzmap
(num,den)
```

结果如图 2.4.1 所示。

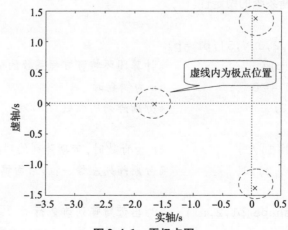

图 2.4.1　零极点图

从图 2.4.1 可以看出，右半平面上有两个极点，因此系统是不稳定的。

3）使用劳斯判据判断稳定性

根据已知系统的闭环特征方程，列出劳斯阵列进行判别，若闭环特征方程为

$$a_0 S^n + a_1 S^{n-1} + a_2 S^{n-2} + \cdots + a_{n-1} S + a_n = 0$$

将各项系数，按下面的格式排成劳斯阵列：

$$
\begin{cases}
s^n & a_0 & a_2 & a_4 & a_8 \\
s^{n-1} & a_1 & a_3 & a_7 & a_9 \\
s^{n-2} & b_1 & b_2 & b_3 & b_4 \\
s^{n-3} & c_1 & c_2 & c_3 & c_4 \\
& & \vdots & & \\
s^2 & d_1 & d_2 & d_3 & d_4 \\
s^1 & e_1 & e_2 & e_3 & e_4 \\
s^0 & f_1 & f_2 & f_3 & f_4
\end{cases}
\tag{2-4-1}
$$

计算第一列的数据见式（2-4-2）

$$
\begin{cases}
b_1 = \dfrac{a_1 a_2 - a_0 a_3}{a_1}, \quad b_2 = \dfrac{a_1 a_4 - a_0 a_5}{a_1}, \quad b_3 = \dfrac{a_1 a_6 - a_0 a_7}{a_1} \cdots \\
c_1 = \dfrac{b_1 a_3 - a_1 b_2}{b_1}, \quad c_2 = \dfrac{b_1 a_5 - a_1 b_3}{b_1}, \quad c_3 = \dfrac{b_1 a_7 - a_1 b_4}{b_1} \cdots \\
\quad \vdots \\
f_1 = \dfrac{e_1 d_2 - d_1 e_2}{e_1}
\end{cases}
\tag{2-4-2}
$$

根据劳斯阵列的第一列值 a_1，b_1，c_1，$\cdots$，f_1，若都大于零，系统是稳定的；若第一列出现一个小于零的值，系统是不稳定的；若第一列有等于零的值，说明系统处于临界稳定状态。

【例 2-4-3】 已知系统的闭环特征方程为

$$s^5 + 2s^4 + s^3 + 3s^2 + 4s + 5 = 0$$

使用劳斯判据判断系统的稳定性。

命令程序：

```
clc; p = [1,2,3,4,5];p1 = p;
n = length(p);              %计算闭环特征方程系数的个数 n
if mod(n,2)==0              %n 为偶数时
    n1 = n/2;              %劳斯阵列的列数为 n/2
else
    n1 = (n+1)/2;          %n 为奇数时,劳斯阵列的列数为 (n+1)/2
    p1 = [p1,0];          %劳斯阵列左移一位,后面填写 0
end
routh = reshape(p1,2,n1);  %列出劳斯阵列前 2 行
RouthTable = zeros(n,n1);  %初始化劳斯阵列行和列为零矩阵
```

```
RouthTable(1:2,:) = routh; %将前 2 行系数放入劳斯阵列
  for i = 3:n                 %从第 3 行开始到 s⁰计算劳斯阵列数值
  ai = RouthTable(i - 2,1)/RouthTable(i - 1,1);
      for j = 1:n1 - 1        %按照式(2 - 4 - 1)计算劳斯阵列所有值
      RouthTable(i,j) = RouthTable(i - 2,j + 1) - ai*RouthTable(i - 1,j + 1)
      end
  end
p2 = RouthTable(:,1)          %输出劳斯阵列的第一列数值
  if  p2 > 0                  %取劳斯阵列的第一列进行判定
  disp(['所要判定系统是稳定的!'])
  else
    disp(['所要判定系统是不稳定的!'])
  end
```

结果：

```
RouthTable =
      1    3    5
      2    4    0
      1    5    0
     -6    0    0
      5    0    0
p2 =  1
      2
      1
     -6
      5
```

所要判定系统是不稳定的。

【例 2 - 4 - 4】　已知系统的开环传递函数是一阶惯性带延迟环节，其中 $\tau = 0.1$ s。使用劳斯判据，判断当 $K = 5$，15，25，35 时系统的稳定性。$G(s) = \dfrac{K}{s + 1}\mathrm{e}^{-\tau s}$。

纯时间延迟环节可以用有理函数来近似，MATLAB 中提供了 pade( ) 函数来计算。

命令格式：

[num,den] = pade(T,n)

或

[A,B,C,D] = pade(T,n)

其中，T 为延迟时间，n 为拟合的阶数。

该延迟系统 $\mathrm{e}^{-\tau s}$可使用二阶进行拟合。

步骤：

当 $\tau = 0.1$ s 时，用 MATLAB 实现二阶拟合表达式：

[num,den] = pade(0.1,2)

```
printsys(num,den,'s')
```

结果：

```
num/den =   s^2 -60 s +1200
            -------------------
            s^2 +60 s +1200
```

此时相当于两个系统串联，等价系统框图如图 2.4.2 所示。

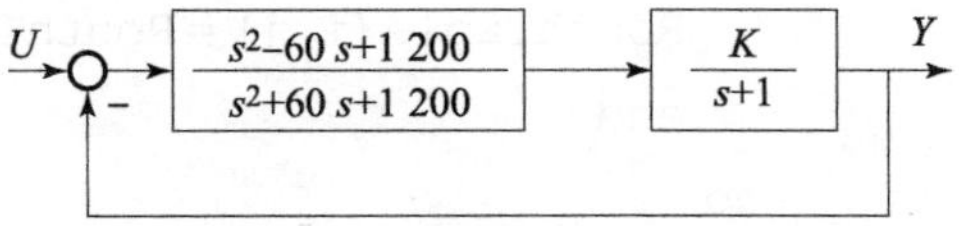

图 2.4.2 等价系统框图

命令程序：

```
for K = [5,15,25,35]
g1 =tf([1 -60 1200],[1 60 1200]); g2 =tf(K,[1 1]);
G = g1*g2; sys = feedback(G,1);
p = sys.den{1}     %取闭环的分母系数
p1 =p;n = length(p); if mod(n,2) ==0; n1 =n/2;else
n1 = (n +1)/2;p1 = [p1,0]; end
routh = reshape(p1,2,n1); RouthTable = zeros(n,n1);
RouthTable(1:2,:)=routh;
for i =3:n
ai =RouthTable(i -2,1)/RouthTable(i -1,1);
    for j =1:n1 -1
    RouthTable(i,j) =RouthTable(i -2,j +1) -ai*RouthTable(i -1,j +1)
    end
end
p2 =RouthTable(:,1)    %取劳斯阵列第一列
if  p2 >0
disp(['K =',num2str(K),'时所要判定系统是稳定的！'])
else
    disp(['K =',num2str(K),'时所要判定系统是不稳定的！'])
end
end
```

结果：

```
p2 =   1.0e +03*
       0.0010
       0.0660
       0.8509
       7.2000
K =5 时所要判定系统是稳定的！
p2 =   1.0e +04*
       0.0001
       0.0076
```

```
        0.0107
        1.9200
```
K = 15 时所要判定系统是稳定的！

p2 = 1.0e + 04*
```
        0.0001
        0.0086
       -0.0603
        3.1200
```
K = 25 时所要判定系统是不稳定的！

p2 =   1
           96
        -1290
        43200

K = 35 时所要判定系统是不稳定的！

三、实验内容与要求

根据自动控制理论的内容，自定义传递函数 $G(s) = \dfrac{K}{s^4 + a_3 s^3 + a_2 s^2 + a_1 s + a_0}$ 中的参数

K，a_0，a_1，a_2，a_3，要求：
(1) 使用闭环特征多项式的根判定稳定性；
(2) 使用闭环特征方程的零极点图判定稳定性；
(3) 使用劳斯判据判定系统稳定性；
(4) 说明三种判别方法的优缺点；
(5) 自定义 K 的 4 个不同值，判定系统的稳定性。

四、思考题

(1) 根据被控对象传递函数，分别使用闭环特征多项式的根、系统零极点图和劳斯判据判定系统稳定性的优缺点是什么？
(2) 使用劳斯判据和阶跃响应曲线判定系统稳定性有何不同？

实验五　线性系统的频域分析与根轨迹分析

一、实验目的

(1) 研究角频率 ω 的变化对系统幅值和相位的影响，利用 Bode 图、Nyquist 图和 Nichols 图等经典图解方法分析控制系统的频率特性。
(2) 根轨迹分析研究传递函数中某个参数从 0 变到无穷大系统特征方程的特征根（也就是闭环极点）变化的轨迹情况。由根轨迹判定系统的稳定性并找出临界稳定下的参数。

二、实验案例及说明

1. 绘制 Bode 图

频域分析将传递函数的 s 用 $j\omega$ 替代（j 是虚数单位，ω 是角频率），Bode 图是根据 ω 变化的幅频特性和相频特性曲线。

命令格式：

```
bode(G,w)          %绘制传递函数为 G,角频率为 w 的 Bode 图
[mag,pha]=bode(G,w)      %ω 为角频率,mag 为对应的幅值,pha 为相角
[mag,pha,w]=bode(G)      %从 Bode 图中获得幅值、相角及角频率向量
```

【例 2-5-1】 根据给定传递函数 $G(s) = \dfrac{1}{s^3 + 3s^2 + 2s}$ 绘制系统 Bode 图。

命令程序：

```
num=1; den=[1,3,2,0];
G=tf(num,den)
bode(G)
```

结果如图 2.5.1 所示。

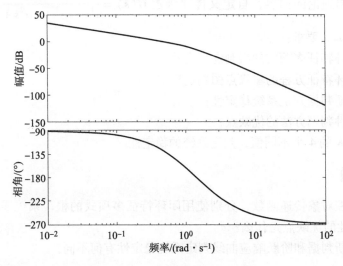

图 2.5.1　连续系统的 Bode 图

也可以使用 semilogx 命令绘制对数幅频和相频特性。绘图结果与图 2.5.1 相同。

```
w=logspace(-2,2);                %定义角频率范围
[mag,pha]=bode(num,den,w);       %获得幅值和相位值
subplot(2,1,1);semilogx(w,20*log10(mag))
subplot(2,1,2);semilogx(w,pha)
```

2. 根据 Bode 图获取幅值裕度和相角裕度

命令格式：

```
margin(G)                %绘制传递函数 G 的 Bode 图并获取幅值裕度和相角裕度
```

```
[Gm,Pm,Wcg,Wcp]=margin(G)        %由传递函数 G 获取幅值裕度和相角裕度
```

说明：Gm 为幅值裕度，Wcg 为幅值裕度对应的频率；Pm 为相角裕度，Wcp 为相角裕度对应的频率（穿越频率）。如果 Wcg 或 Wcp 结果为 NaN 或 Inf，则对应的 Gm 或 Pm 为无穷大。

【例 2 - 5 - 2】　绘制【例 2 - 5 - 1】所示的传递函数 Bode 图并获取幅值裕度和相角裕度。

命令程序：

```
num=1;
den=[1,3,2,0];
G=tf(num,den);
margin(G)
[Gm,Pm,Wcg,Wcp]=margin(G)
```

结果为：

```
Gm=6.0000
Pm=53.4109
Wcg=1.4142
Wcp=0.4457
```

结果如图 2.5.2 所示。

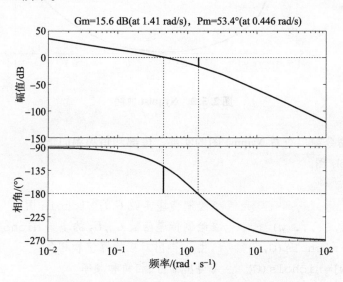

图 2.5.2　带幅值裕度和相位裕度的 Bode 图

3. 绘制 Nyquist 曲线

命令格式：

```
nyquist(G)              %绘制传递函数 G 的 Nyquist 曲线
nyquist(G1,G2,...w)     %绘制传递函数 G₁,G₂,…的多条 Nyquist 曲线
[Re,Im]=nyquist(G,w)    %由角频率 w 和传递函数 G 获取 Nyquist 的实部 Re 和
                         虚部 Im
```

[Re,Im,w]=nyquist(G)　　%由传递函数 G 获取出实部 Re、虚部 Im 和角频率 w

【例 2 − 5 − 3】　根据给定传递函数 $G(s)=\dfrac{0.5}{s^3+s^2+s+0.5}$ 绘制系统的 Nyquist 曲线，并获得频率特性的实部和虚部。

命令程序：

num=0.5;den=[1,1,1,0.5];

G=tf(num,den);nyquist(G)

[Re,Im,w]=nyquist(G)

结果如图 2.5.3 所示。

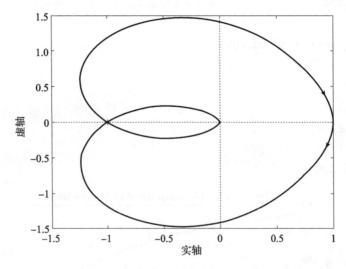

图 2.5.3　Nyquist 曲线

同时，可在命令窗口查看 Nyquist 图的实部、虚部和角频率向量。

4. 绘制 Nichols 图

命令格式：

nichols(G)　　　　　　　%绘制传递函数 G 的 Nichols 图

nichols(G1,G2,...w)　　%绘制传递函数 G_1，G_2 的多条 Nichols 图

[Mag,Pha]=nichols(G,w)　%由 w 得出对应的幅值和相角

[Mag,Pha,w]=nichols(G)　%得出幅值、相角和频率

【例 2 − 5 − 4】　绘制【例 2 − 5 − 3】传递函数的 Nichols 曲线。

命令程序：

num=0.5;

den=[1,1,1,0.5]

G=tf(num,den)

nichols(G)

结果如图 2.5.4 所示。

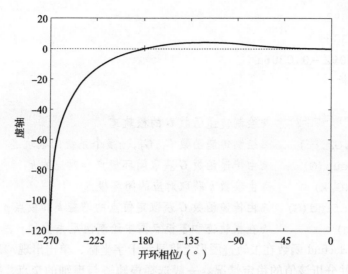

图 2.5.4　Nichols 曲线

5. 计算频域参数

(1) 20 * log (abs (G (jw)));　　　%计算幅频值

(2) angle (G (jw));　　　　　　%计算相频值

(3) real (G (jw));　　　　　　　%取频率特性的实部

(4) imag (G (jw));　　　　　　　%取频率特性的虚部

(5) freqresp (G)　　　　　　　%取频率特性的实部和虚部

说明：对于复数，angle( ) 是求相位角，取值范围是 $-\pi \sim \pi$；

abs( ) 对于实数是求绝对值，对于复数是求其模值，X 为一复数，abs(X) = sqrt(real(X).^2 + imag(X).^2)；

【例 2 – 5 – 5】已经系统的传递函数为 $G(j\omega) = \dfrac{100}{(j\omega)^2 + 3(j\omega) + 100}$，求 $\omega = 1$ 时，频率特性的模、相角、实部和虚部。

命令程序：

num = [100]; den = [1,3,100]; G = tf (num, den);

w = 1;

Gw = polyval (num, j * w)./polyval (den, j * w)　　%计算传递函数的频率值

Aw = abs (Gw)　　　　　%计算模

Fw = angle (Gw)　　　　　%计算相角

Re = real (Gw)　　　　　%计算实部

Im = imag (Gw)　　　　　%计算虚部

reim = freqresp (G, w)　　%计算频率 ω 的实部和虚部

结果：

Gw =　　1.0092 – 0.0306i

Aw =　　1.0096

Fw =　　– 0.0303

```
Re =    1.0092
Im =   -0.0306
reim = 1.0092 -0.0306i
```

6. 根轨迹分析

命令格式：

rlocus(G)	%绘制传递函数 G 的根轨迹
rlocus(G1,G2,…)	%绘制传递函数 $G_1,G_2,…$ 多个系统的根轨迹
[r,k]=rlocus(G)	%由传递函数 G 获取闭环极点和对应的 k
r=rlocus(G,k)	%由参数 k 获取对应的闭环极点
[k,p]=rlocfind(G)	%由传递函数 G 获取定位点的增益 k 和极点 p
sgrid(ζ,ωn)	%在根轨迹和零极点图中绘制阻尼系数和自然频率栅格

说明：使用 rlocfind 函数在根轨迹图形上将显示十字坐标，单击出现"**X**"，此时求得该点对应的 k 值，并分析该值的稳定情况。一般选择根轨迹与虚轴的交点，找到临界的 k、p 值，分析系统的稳定性。根轨迹在虚轴的点为临界稳定点，穿过虚轴（纵轴）系统就不稳定了，即：

（1）只要绘制的根轨迹全部位于 s 平面左侧，就表示系统参数无论怎么改变，特征根全部具有负实部，则系统就是稳定的。

（2）若根轨迹在虚轴上，表示临界稳定，阶跃响应出现等幅振荡。

（3）假如有根轨迹全部都在 s 右半平面，则表示无论选择什么参数，系统都是不稳定的。

【例 2 – 5 – 6】 绘制开环传递函数 $G(s)=\dfrac{K}{s(s+4)(s+2-4j)(s+2+4j)}$ 的根轨迹，并找到临界稳定的 k 值，使用阶跃响应曲线进行验证结果。

命令程序：

（1）绘制根轨迹确定 k 值。

```
num =1;
den = [conv([1,4],conv([1 2 -4i],conv([1,0],[1 2 +4i])))];
G = tf(num,den)
rlocus(G)                %绘制根轨迹
[r,k]=rlocus(G);         %得出闭环极点和增益
[k,p]=rlocfind(G)        %获得定位点的增益和极点
```

结果如图 2.5.5 所示。

当光标定位在根轨迹与虚轴的交点时，结果为：

```
selected_point =-0.0072 +3.1827i
k =260.9202
p = -4.0041 +3.1649i
    -4.0041 -3.1649i
     0.0041 +3.1649i
     0.0041 -3.1649i
```

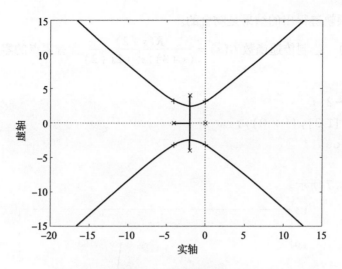

图 2.5.5　根轨迹曲线

即：当 $k > 260.92$ 时，系统不稳定。

（2）验证结果。

取 k 分别为 261，300，绘制系统的闭环阶跃响应曲线。

```
num1 = 261;num2 = 300;
den = [conv([1,4],conv([1 2 -4i],conv([1,0],[1 2 +4i])))];
G1 = tf(num1,den);G2 = tf(num2,den);
G11 = feedback(G1,1);G22 = feedback(G2,1);
t = 0:0.01:8;
subplot(1,2,1);step(t,G11);subplot(1,2,2);step(t,G22);
```

其输出结果如图 2.5.6 所示。

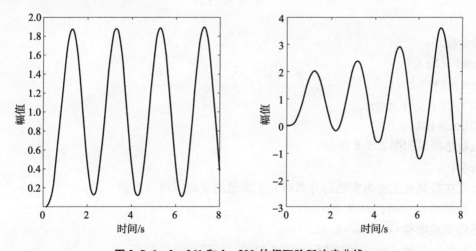

图 2.5.6　$k = 261$ 和 $k = 300$ 的闭环阶跃响应曲线

结论：从 $k = 261$ 和 $k = 300$ 的闭环阶跃响应曲线看出，当 k 取 261 时系统出现了等幅振荡，属于临界稳定状态；当 k 取 300 时，系统出现了发散状态。说明 k 值大于临界点，系统出现不稳定，与根轨迹得出的结果是吻合的。

【例 2 – 5 – 7】 绘制传递函数 $G(s) = \dfrac{K(s+2)}{(s+3)(s^2+2s+2)}$ 含有零点的零度根轨迹。

命令程序：

```
num = [-1 -2];
den = conv([1 3],[1 2 2]);
G = tf(num,den);
rlocus(G)
```

结果如图 2.5.7 所示。

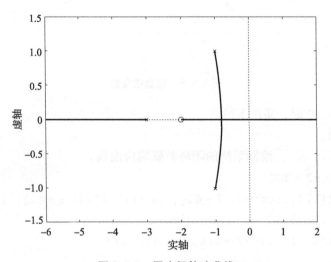

图 2.5.7　零度根轨迹曲线

【例 2 – 5 – 8】 根据传递函数 $G(s) = \dfrac{1}{s^3+3s^2+2s}$ 画出根轨迹曲线并判断闭环系统的稳定性。

命令程序：

```
num1 = 1;
den = [1 3 2 0];
G1 = tf(num1,den);
rlocus(G1);
```

根轨迹结果如图 2.5.8 所示。

说明：

分别在根轨迹上点击实轴的分离点和正虚轴的交点，可以得到：

分离点增益 Gain：$k = 0.385$。

虚轴交点增益 Gain：$k = 5.82$。

这些数据显示了增益对应的闭环极点位置，可得到结论如下：

(1) $0 < k < 0.385$ 时，闭环系统具有不同的实数极点，表明系统处于过阻尼状态。

(2) $k = 0.385$ 时，为分离点，表明系统处于临界阻尼状态。

(3) $0.385 < k < 5.82$ 时，闭环系统主导极点为共轭复数，表明系统处于欠阻尼状态。

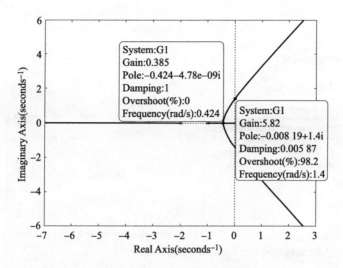

图 2.5.8　根轨迹曲线分析

（4）$k = 5.82$ 时，闭环系统有一对虚根，表明系统处于临界稳定状态。

（5）$k > 5.82$ 时，闭环系统有一对复数极点具有正实部，表明系统处于不稳定状态。

【例 2 – 5 – 9】　根据时域、频域和根轨迹命令函数，使用界面进行实验综合设计，设计结果如图 2.5.9 所示。

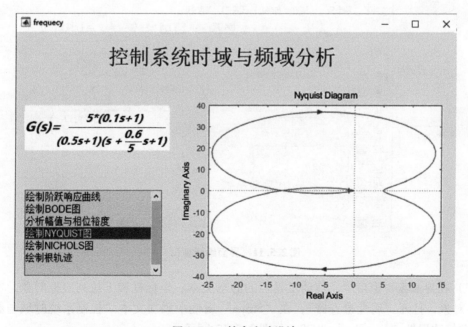

图 2.5.9　综合实验设计

步骤：

（1）使用 guide 命令打开 MATLAB 界面窗口，单击"新建 GUI"选项卡，打开对话框如

图 2.5.10 所示。

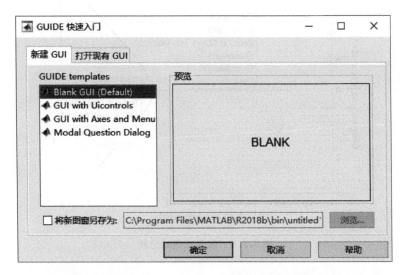

图 2.5.10 新建 GUI 界面对话框

（2）选择"Blank GUI"，单击"确定"按钮，打开界面编辑窗口，如图 2.5.11 所示。

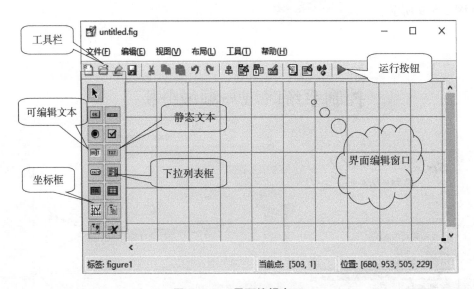

图 2.5.11 界面编辑窗口

（3）在界面编辑窗口中，拖动工具栏的静态文本、坐标框和下拉列表框对象，右击静态文本对象，打开"属性检查器"，在"String"属性中添加文本"控制系统时域与频域分析"，并修改属性"FontSize"为 20，如图 2.5.12 所示。

（4）添加界面上的 4 个对象，两个坐标框自动命名为"axes1"和"axes2"，界面排列设计如图 2.5.13 所示。

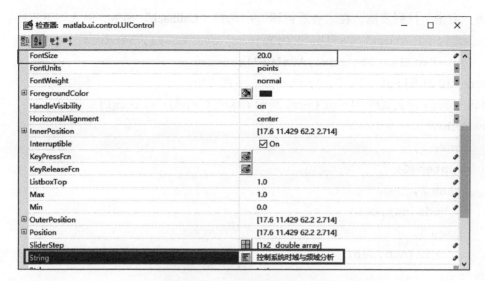

图 2.5.12　属性检查器窗口

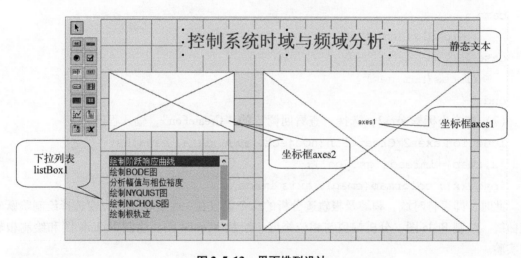

图 2.5.13　界面排列设计

（5）右击下拉列表，在"属性检查器"中选择"String"双击，添加菜单内容，如图 2.5.14 所示。

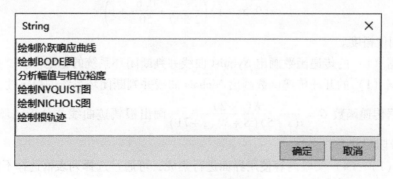

图 2.5.14　下拉列属性

（6）右击下拉列表框，在"查看回调"中选择"Callback"函数，输入如下程序：

```
function listbox1_Callback(hObject, eventdata, handles)
v = get(handles.listbox1,'value');
num = [0.5 5];d1 = [0.5 1];d2 = [1 0.6/5 1];
den = conv(d1,d2);G = tf(num,den);axes(handles.axes1)
switch v
    case 1,
        step(G)
    case 2,
        bode(num,den)
    case 3,
        margin(num,den)
case 4,
    nyquist(num,den)
case 5,
    nichols(num,den)
case 6,
    rlocus(num,den)
end
```

（7）右击坐标框 axes2，选择"查看回调"的"CreateFcn"，输入程序：

```
function axes2_CreateFcn(hObject, eventdata, handles)
[x,cmap]=imread('gs.jpg');
image(x); colormap(cmap); axis image off
```

此时，即可将时域、频域及根轨迹分析的命令集成在一个界面上，方便选择绘制阶跃响应曲线、绘制 Bode 图、分析幅值与相位裕度、绘制 Nyquist 图、绘制 Nichols 图和绘制根轨迹实验。

三、实验内容与要求

（1）根据开环传递函数 $G = \dfrac{5 \times (0.1s+1)}{s(0.5s+1)\left(\dfrac{s^2}{2\,500} + \dfrac{0.6}{50}s + 1\right)}$ 绘制 Bode 图，并分析系统的

幅值裕度与相位裕度。

（2）根据（1）的传递函数画出 Nyquist 曲线并判断闭环系统的稳定性。

（3）根据（1）的开环传递函数画出 Nichols 曲线并判断闭环系统的稳定性。

（4）根据传递函数 $G = \dfrac{K(s+2)}{s(s+5)(S+3)(s+71)}$ 画出根轨迹曲线并分析闭环系统主导极点的稳定性及阻尼状态。

（5）将（1）~（4）实验内容使用界面进行集成，可通过选择列表框选择不同实验。

（6）总结操作并写出实验体会。

四、思考题

（1）判断系统稳定性有哪几种方法？各有什么优缺点？

（2）判断系统稳定性使用 Nyquist 图、Nichols 图和根轨迹曲线哪个更方便？

实验六　PID 控制器参数设计

一、实验目的

（1）研究改变控制器的比例系数 K_p、积分系数 K_i 和微分系数 K_d 对系统动态性能指标的影响。

（2）理解控制指标中动态偏差、调节时间、稳态误差与 PID 参数的关系，掌握 PID 控制器参数设计的方法。

二、实验案例及说明

1. PID 控制器的组成

PID 控制系统是由被控对象 $G_p(s)$ 和控制器组成的一个负反馈系统，其中，比例系数 K_p 是控制器输出与误差成比例时存在的，积分系数 K_i 用来控制系统的平均误差值，微分系数 K_d 用来对系统改变作出预测控制。即，比例（P 控制）+ 积分（I 控制）+ 微分（D 控制）的综合用来控制任何可被测量的且能控制的线性时不变系统。它们既可单独使用也可组合使用，常用的有 P 控制，PI、PD 或 PID 控制。PID 控制系统框图如图 2.6.1 所示。

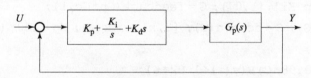

图 2.6.1　PID 控制系统框图

2. 使用试凑法设计 PID 控制器

在控制系统中，设定控制指标整定 PID 控制器参数，理论计算是相当烦琐、复杂的过程，借助 MATLAB 编程或模块仿真的实验方法可有效解决三个参数的设计问题。使用循环反复试凑、跟踪系统输出，实时监测系统给定指标，即可寻找一组合适的 PID 参数。方法步骤为：

（1）在 MATLAB 中输入被控对象传递函数 Gp；

（2）将控制器的传递函数 $G_c(s) = K_p + \dfrac{K_i}{s} + K_d s = \dfrac{K_d s^2 + K_p s + K_i}{s}$ 变形输入到 MATLAB 中，即：Gc = tf([Kd,Kp,Ki],[1 0])。

（3）构造总闭环负反馈系统的传递函数：G = feedback(Gc * Gp,1)。

（4）分别将 K_p、K_i、K_d 参数进行试凑，试凑范围及步长自行设定，代入总传递函数 G 中，实时判断是否满足给定系统指标，若满足则退出循环，否则可调整循环范围继续循环；

若不能满足给定指标，输出相应信息。

【例 2 – 6 – 1】 针对传递函数 $G(s) = \dfrac{100}{s^2 + 3s + 100}$。

要求：

（1）求 PID 控制系统的控制参数 K_p、K_i 和 K_d，使得系统的动态特性参数超调量 $M_p \leqslant 10\%$，稳态时间 $t_s \leqslant 2$ s（稳态误差为 2% 情况下）。

（2）输出控制前后的阶跃响应曲线并进行对比。

（3）输出该控制状态下的超调量 M_p、稳态时间 t_s 和稳态误差值。

命令程序：

```
clc;
Gp = tf(100,[1,3,0]);
flag = 1;
for Kp = 0.1:0.1:10;
    if flag == 0
        break;
    end
    for Ki = 10: -0.1:1;
        if flag == 0
        break;
        end
    for Kd = 0.1:0.1:0.5;
Gc = tf([Kd,Kp,Ki],[1,0]); G = feedback(Gp*Gc,1);
[y,t] = step(G); C = dcgain(G); [Y,k] = max(y); Mp = 100*(Y - C)/C;
i = length(t);
while (y(i)>0.98*C)&(y(i)<1.02*C);
i = i -1;
end
ts = t(i);        %稳态时间
if abs(Mp)<=0.1 & ts <=2
    flag = 0;
    ys = step(G,ts); ess = 1 - ys; Ep = ess(length(ess))
    disp(['Kp = ',num2str(Kp), ',Ki = ',num2str(Ki), ',Kd = ',num2str(Kd)]);
     disp(['Mp = ', num2str(Mp),'%', ', ts = ', num2str(ts),', Ep = ',
        num2str(Ep*100),'%']);
    break;end
      end; end; end
if flag ==1;
disp(['Search for failure!']);end
G2 = feedback(Gp,1);
```

step(G);hold on;step(G2)

结果：

Kp=0.6;Ki=1.7;Kd=0.5

Mp=0.0044727%，ts=0.18276，

$E_\text{p}=2.0083\%$，输出曲线如图 2.6.2 所示。

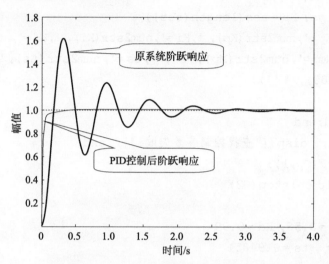

图 2.6.2　PID 控制前后阶跃响应曲线对比

结论：由输出曲线及结果看，系统达到了给定指标。

【**例 2 - 6 - 2**】　三阶系统的控制框图如图 2.6.3 所示。使用 MATLAB 编程实现设计 PID 控制器参数，在稳态误差 5% 的情况下，使得超调量小于 10%，稳态时间小于 2 s，并绘制校正前后的阶跃响应曲线对比。

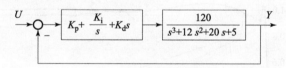

图 2.6.3　PID 控制系统框图

命令程序：

```
Gp=tf(120,[1 12 20 5]);
flag=1;
for Kp=0.1:0.1:2;
    if flag==0;break; end
for Ki=2:-0.01:0.5;
    if flag==0; break; end
for Kd=0.1:0.01:1;
Gc=tf([Kd,Kp,Ki],[1,0]);G=feedback(Gp*Gc,1);
[y,t]=step(G); C=dcgain(G); [Y,k]=max(y);
Mp=100*(Y-C)/C; i=length(t);
```

```
while(y(i)>0.95*C)&(y(i)<1.05*C); i =i -1; end;
ts =t(i);%稳态时间
if abs(Mp)<=10 & ts<=2
    flag =0;
    ys =step(G,ts);
    ess =1 -ys; Ep =ess(length(ess))
    disp(['Kp =',num2str(Kp), ',Ki =',num2str(Ki), ',Kd =',num2str(Kd)]);
    disp(['Mp =',num2str(Mp),'%', ',ts =',num2str(ts),',Ep =',num2str
        (Ep*100),'%']);
break; end;
    end; end;end
if flag ==1;   disp(['查找控制参数失败!']);end
G2 =feedback(Gp,1);
step(G);hold on;step(G2)
```

结果：

Kp =0.5, Ki =0.56, Kd =0.99

Mp =4.9927% , ts =0.94051

Ep =5.0848%

PID 控制前后的阶跃响应曲线如图 2.6.4 所示。

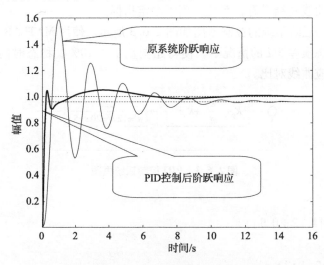

图 2.6.4 三阶系统 PID 控制

【例 2 -6 -3】 已知控制系统框图如图 2.6.5 所示，使用试凑法设计 PID 参数的人 - 机交互界面，通过试凑 K_p，T_i 和 T_d 参数，满足超调量小于 5%，稳态时间小于 40 s，计算参数并绘制阶跃响应曲线。

步骤：

（1）在设计界面上添加 4 个静态文本、2 个坐标框、3 个可编辑文本和 2 个按钮对象，按照【例 2 -6 -2】的步骤，先选择标题静态文本右击，修改"属性检查器"中的"String"

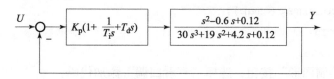

图 2.6.5　高级系统 PID 控制系统框图

属性为"试凑法 PID 控制参数整定",再分别选择 3 个静态文本修改提示标签"Kp ="、"Ti ="、"Td ="并改变字体大小;选择 3 个可编辑文本,修改"Tag"属性为"Kp"、"Ti"和"Td",如图 2.6.6 所示。

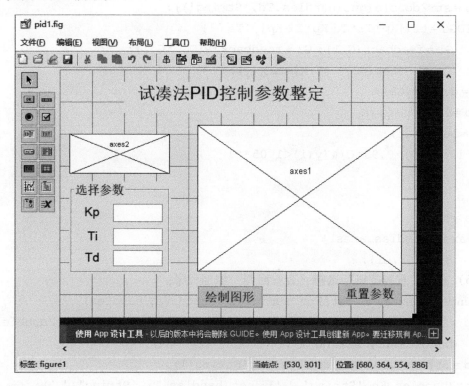

图 2.6.6　PID 控制编辑界面

(2) 按照 PID 控制参数计算公式,将其变形,见式 (2-6-1) 和式 (2-6-2)

$$\text{PID}\, G_c = K_p + \frac{K_i}{s} + K_d s = \frac{K_d s^2 + K_p s + K_i}{s} \tag{2-6-1}$$

$$\text{PID}\, G_c = K_p \left(1 + \frac{1}{T_i s} + T_d s \right) = \frac{K_p T_i T_d s^2 + K_p T_i s + K_p}{T_i s} \tag{2-6-2}$$

(3) 右击 3 个可编辑文本对象,并在"属性检查器"的"String"属性中清除为空白,作为人-机交互输入参数,右击 2 个按钮对象,并在"属性检查器"的"String"属性中分别填写"绘制图形"和"重置参数"标签。

(4) 选中坐标轴 (axes2),右击打开"查看回调"添加传递函数图片文件。程序为:

```
function axes2_CreateFcn(hObject, eventdata, handles)
[x, cmap] = imread('Gp.png');
```

```
image(x); colormap(cmap);
axis image off
  end
```

（5）右击"绘制图形"按钮，选择"查看回调"添加代码：

```
function pushbutton1_Callback(hObject, eventdata, handles)
  G = tf([1 -0.6 0.12],[30 19 4.2 0.12])
Kp = str2double(get(handles.Kp,'String')); Ti = str2double(get
    (handles.Ti,'String'));
Td = str2double(get(handles.Td,'String'));
PIDGc = tf([Kp*Ti*Td Kp*Ti Kp],[Ti 0])
    G1 = feedback(G,1); G2 = feedback(PIDGc*G,1);
    [y,t] = step(G2); [Y,k] = max(y);
C = dcgain(G2);
Mp = 100*(Y-C)/C
i = length(t);
while(y(i)>0.95*C)&(y(i)<1.05*C)
i = i-1;
end
ts = t(i)
  axes(handles.axes1)
    step(G2,G1);
```

（6）右击"重置按钮"选择"查看回调"添加程序：

```
function axes2_CreateFcn(hObject, eventdata, handles)
Kp = str2double(get(handles.Kp,'String')); Ti = str2double(get
    (handles.Ti,'String'));
Td = str2double(get(handles.Td,'String'));
set(handles.Kp,'String',' '); set(handles.Ti,'String',' ');
set(handles.Td,'String',' '); axes(handles.axes1)
cla
```

（7）单击运行，在"Kp""Ki""Kd"中填写参数，结果如图 2.6.7 所示。

运行结果：$M_p = 3.129\ 9$，$t_s = 31.038\ 1$ s。从输出曲线和结果可以看出，试凑的 PID 参数满足系统性能指标。

3. 使用工程整定法设计 PID 控制器

工程上常使用实验方法和经验方法来整定 PID 的调节参数，称为 PID 参数的工程整定方法。该方法是根据经典理论加上长期的工作获得的经验公式，其最大的优点在于整定参数不必依赖被控对象的数学模型，方法简单易行，适用于现场的实时控制。常见的工程整定法求 PID 参数有 4 种：

（1）动态特性参数法。

（2）科恩－库恩整定法。

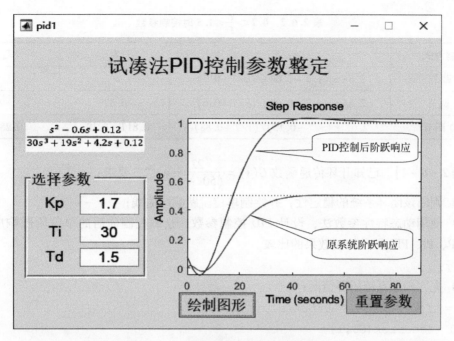

图 2.6.7　试凑 PID 控制参数运行结果

（3）衰减曲线法。

（4）临界比例度法。

1）动态特性参数法

对于一阶系统带延迟环节的被控对象，可使用动态特性参数法设计 PID 控制参数。其闭环控制系统框图如图 2.6.8 所示。

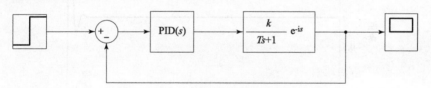

图 2.6.8　一阶惯性加延迟的系统仿真

动态特性参数法根据惯性环节和延迟环节参数设计出 PID 参数，公式如表 2.6.1 和表 2.6.2 所示。

表 2.6.1　$\frac{\tau}{T} < 0.2$ 时控制参数

控制方式	$1/K_p$	T_i	T_d
P 调节	$K\tau/T$		
PI 调节	$1.1 \times K\tau/T$	3.3τ	
PID 调节	$0.8 \times K\tau/T$	2.0τ	0.5τ

表 2.6.2　$0.2 \leqslant \dfrac{\tau}{T} \leqslant 1.5$ 时控制参数

控制方式	$1/K_p$	T_i	T_d
P 调节	$2.6K \times (\tau/T - 0.08)/(\tau/T + 0.7)$		
PI 调节	$2.6K \times (\tau/T - 0.08)/(\tau/T + 0.6)$	$0.8T$	
PID 调节	$2.6K \times (\tau/T - 0.15)/(\tau/T + 0.88)$	$0.81T + 0.19\tau$	$0.25T$

【例 2 – 6 – 4】　已知开环传递函数 $G(s) = \dfrac{22}{(50s + 1)} e^{-20s}$，要求：

（1）判断该闭环系统的稳定性，并绘制单位阶跃响应曲线；

（2）使用动态特性参数法，设计 PID 控制参数，绘制控制前后的单位阶跃响应曲线，并进行 P、PI、PID 三种控制效果的比较。

分析：

（1）先判断原系统闭环情况：

```
G0 = tf(22,[50 1],'outputdelay',20);
G10 = feedback(G0,1);
step(G10);
```

绘制的系统阶跃响应曲线如图 2.6.9 所示，从图中看出，该闭环系统是不稳定的。

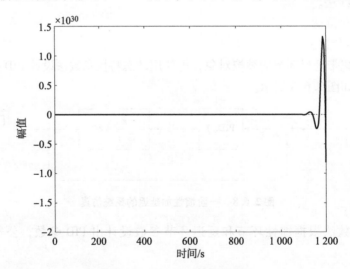

图 2.6.9　原闭环系统阶跃响应

（2）再计算：$\dfrac{\tau}{T} = 20/50 = 0.4 > 0.2$，利用表 2.6.2 进行设计。

程序命令：

```
K = 22;T = 50;tau = 20; G1 = tf(K,[T,1]);
[n1,d1] = pade(tau,2);              %延迟环节拟合二阶传递函数
G2 = tf(n1,d1); Gp = G1*G2;         %等价原系统传递函数
for PID = 1:3
```

```
        if PID ==1; Kp = (tau/T +0.7)/(2.6*K*(tau/T -0.08));       % 设计 P 控制器
          elseif PID ==2; Kp = (tau/T +0.6)/(2.6*K*(tau/T -0.08)); Ti =0.8*T;
                                                               %设计 PI 控制器
        else PID ==3; Kp = (tau/T + 0.88)/(2.6*K*(tau/T - 0.15)); Ti = 0.81*T +
          0.19*tau; Td =0.25*T;
%PID 控制器
end
  switch PID                  %计算 P、PI、PID 控制器参数
  case 1,Gc1 =Kp; disp(['Kp = ',num2str(Kp)]);
    case 2,Gc2 =tf([Kp*Ti,Kp],[Ti,0]);
    disp(['Kp = ',num2str(Kp),' Ti = ',num2str(Ti)]);
    case 3,Gc3 =tf([Kp*Ti*Td,Kp*Ti,Kp],[Ti,0]);
    disp(['Kp = ',num2str(Kp),' Ti = ',num2str(Ti),' Td = ',num2str(Td)]);
  end
end
  G11 =feedback(Gp*Gc1,1);step(G11);hold on; %加入 P 控制,并绘制响应曲线
  G22 =feedback(Gp*Gc2,1);step(G22);hold on; %加入 PI 控制,并绘制响应曲线
  G33 =feedback(Gp*Gc3,1);step(G33);          %加入 PID 控制,并绘制响应曲线
  legend('P 控制','PI 控制','PID 控制');
```

结果:

P 控制参数: $K_p = 0.060\ 096$; PI 控制参数: $K_p = 0.054\ 633$, $T_i = 40$;

PID 控制参数: $K_p = 0.089\ 51$, $T_i = 44.3$, $T_d = 12.5$, 三种控制的响应曲线如图 2.6.10 所示。

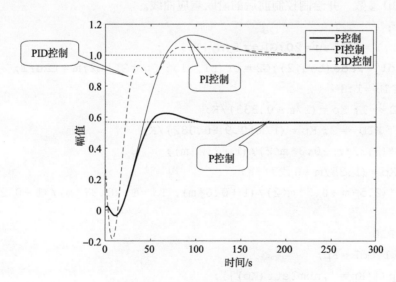

图 2.6.10　三种 PID 控制阶跃响应

结论：从三种控制效果看，使用 PID 控制上升速度最快，且在 5% 稳态误差下最先达到稳态值。

2）科恩 – 库恩整定法

科恩 – 库恩整定法也是针对一阶惯性加延迟的被控对象，控制系统框图如图 2.6.8 所示，利用原系统的时间常数 T、比例系数 K 和延迟时间 τ，设计比例、积分、微分参数。

由于该方法属于近似经验公式，因此，该方法仅提供了一个参数校正的基准，需要在此基础上再对参数进行微调，以达到最优控制指标。科恩 – 库恩整定法计算公式如表 2.6.3 所示。

表 2.6.3　科恩 – 库恩整定法公式

控制方式	K_p	T_i	T_d
P 控制	$\left[\left(\dfrac{\tau}{T}\right)^{-1}+0.333\right]\Big/K$		
PI 控制	$\left[0.9\left(\dfrac{\tau}{T}\right)^{-1}+0.082\right]\Big/K$	$\left[3.33\left(\dfrac{\tau}{T}\right)+0.3\left(\dfrac{\tau}{T}\right)^2\right]\Big/$ $\left[1+2.2\left(\dfrac{\tau}{T}\right)\right]T$	
PID 控制	$\left[1.35\left(\dfrac{\tau}{T}\right)^{-1}+0.27\right]\Big/K$	$T\left[2.5\left(\dfrac{\tau}{T}\right)+0.5\left(\dfrac{\tau}{T}\right)^2\right]\Big/$ $\left[1+0.6\left(\dfrac{\tau}{T}\right)\right]$	$T\left[0.37\left(\dfrac{\tau}{T}\right)\right]\Big/\left[1+0.2\left(\dfrac{\tau}{T}\right)\right]$

说明：若被控对象不满足一阶惯性加延迟环节的条件，可进行等效变换后，再计算参数。

【例 2 – 6 – 5】　使用柯恩 – 库恩法设计【例 2 – 6 – 4】中传递函数 PID 控制器，分别计算 P、PI 和 PID 参数，并绘制控制前后的阶跃响应曲线。

程序命令：

```
K =22;T =50;tau =20;G1 =tf(K,[T,1]);
[n1,d1]=pade(tau,2);G2 =tf(n1,d1); Gp =G1*G2;m =tau/T;
for PID =1:3
if PID ==1; Kp =(1/m +0.333)/K;
elseif PID ==2; Kp =(1/m*0.9 +0.082)/K;
Ti =T*(3.33*m +0.3*m^2)/(1 +2.2*m);
else Kp =(1.35/m +0.27)/K;
Ti =T*(2.5*m +0.5*m^2)/(1 +0.6*m); Td =T* (0.37*m)/(1 +0.2*m);
end
switch PID
    case 1,Gc1 =Kp;
     disp(['Kp =',num2str(Kp)]);
    case 2,Gc2 =tf([Kp* Ti,Kp],[Ti,0]);
     disp(['Kp =',num2str(Kp),' Ti =',num2str(Ti)]);
```

```
case 3,Gc3 = tf([Kp*Ti*Td,Kp*Ti,Kp],[Ti,0]);
disp(['Kp = ',num2str(Kp),' Ti = ',num2str(Ti),' Td = ',num2str(Td)]);
    end
  end
  G11 = feedback(Gp*Gc1,1);step(G11);hold on;
  G22 = feedback(Gp*Gc2,1);step(G22);hold on;
  G33 = feedback(Gp*Gc3,1);step(G33);
  legend('P 控制','PI 控制','PID 控制');
```

结果：P、PI、PID 控制参数分别为

$K_p = 0.12877$

$K_p = 0.106$　$T_i = 36.7021$

$K_p = 0.16568$　$T_i = 43.5484$　$T_d = 6.8519$

三种控制的响应曲线如图 2.6.11 所示。

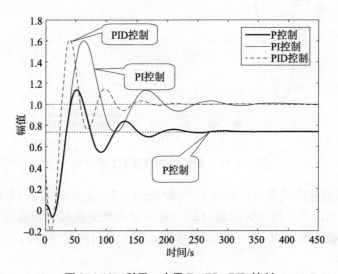

图 2.6.11　科恩 - 库恩 P、PI、PID 控制

结论：从三种控制效果看，P 控制稳态误差超过 20%，PI 与 PID 控制超调量一样，但 PID 上升速度较快，达到稳态时间相对较短，控制效果比动态特性参数法稍差，需要进行微调参数。

【例 2 - 6 - 6】　根据【例 2 - 6 - 5】所示的被控对象及柯恩 - 库恩整定法获取的 PID 参数结果，调整控制参数 K_p 为原来的 1/2，观测控制效果，并说明控制参数。

程序命令：

```
K = 22;T = 50;tau = 20;
G1 = tf(K,[T,1]);
[n1,d1] = pade(tau,2);
G2 = tf(n1,d1);
Gp = G1*G2;
```

```
Kp = 0.16568/2;Ti = 43.5484;Td = 6.8519;
Gc = tf([Kp*Ti*Td,Kp*Ti,Kp],[Ti,0]);
disp(['Kp = ',num2str(Kp),' Ti = ',num2str(Ti);' Td = ',num2str(Td)]);
G = feedback(Gp*Gc,1); step(G);
```

控制参数为

$K_p = 0.08284$，$T_i = 43.5484$，$T_d = 6.8519$

修改参数后的阶跃响应曲线如图 2.6.12 所示。

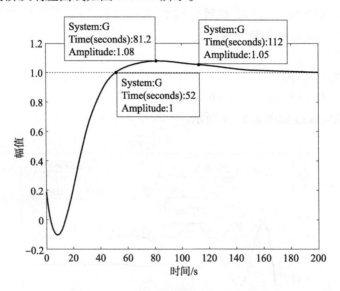

图 2.6.12　调整 K_p 为原来 1/2 的结果

结论：从阶跃响应曲线看出，调整 K_p 为原来的 1/2，上升时间为 52 s，超调量为 8%，在稳态误差 5% 的情况下，稳态时间是 112 s。超调量由改变前 62% 降低到 8%，在同样的稳态误差 5% 情况下稳态时间由 133 s 降低到 112 s，但上升时间变慢 1/2。

3）衰减曲线法

工程整定的衰减曲线法有两种，一种是 4:1，另一种是 10:1。其方法是先把控制器置成纯比例控制。令积分系数、微分系数 $K_i = 0$，$K_d = 0$，形成比例控制系统，结构如图 2.6.13 所示。

图 2.6.13　闭环控制结构框图

调节时把比例系数由小到大变化，加扰动，观察响应过程，直到响应曲线峰值出现衰减比 4:1 为止，此时，记录比例系数 K_p 为 K_s，两波峰之间的时间为周期 T_s，如图 2.6.14 所示。

根据记录的 K_s 及 T_s 值，确定控制器参数，计算公式如表 2.6.4 所示。

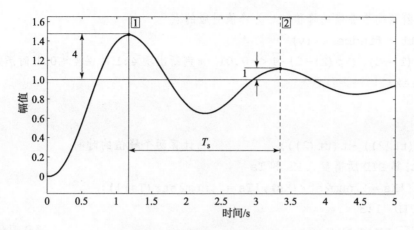

图 2.6.14　衰减比 4:1 结果

表 2.6.4　4:1 衰减法控制

控制方式	$1/K_p$	T_i	T_d
P 调节	$1/K_s$		
PI 调节	$1.2/K_s$	$0.5T_s$	
PID 调节	$0.8/K_s$	$0.3T_s$	$0.1T_s$

同理，对于衰减比 10:1，调节到阶跃响应曲线峰值出现 10:1 过程为止，当衰减比为 10:1 时，记录比例值为 K_r，两波峰之间的时间为周期 T_r，计算 PID 控制参数，如表 2.6.5 所示。

表 2.6.5　10:1 衰减法控制

控制方式	$1/K_p$	T_i	T_d
P 调节	$1/K_r$		
PI 调节	$1.2/K_r$	$2T_r$	
PID 调节	$0.8/K_r$	$1.2T_r$	$0.4T_r$

【例 2-6-7】　使用 4:1 衰减曲线法设计下列被控传递函数的 PID 控制器，分别计算 P、PI 和 PID 的参数值，并绘制控制前后的单位阶跃响应曲线。

$$G_p(s) = \frac{1}{100s^3 + 80s^2 + 17s + 1}$$

程序命令：

```
clear;
Gp = tf(1,[100 80 17 1]);
for Ks = 2:0.01:30                    %寻找 4:1 的 Ks
Gp1 = Ks * Gp;G2 = feedback(Gp1,1);   %形成闭环系统
C = dcgain(G2);[y,t] = step(G2);      %C 为稳态值,y 为阶跃响应曲线幅值,t 为时间
```

```
   % Yp 阶跃响应曲线的峰值,tt 为峰值对应的点
    [Yp,tt]=findpeaks(y)
  if(Yp(1)-C)/(Yp(2)-C)-4<=0.01    %判断出现4:1的误差≤0.1时满足条件
      break;
     end
  end
  Ts=t(tt(2))-t(tt(2));                 %计算两个峰值的时间
  %输出计算 PID 所需参数 Ks 和 Ts
  disp(['Ks=',num2str(Ks),'Ts=',num2str(Ts)]);
   for PID=1:3
     if PID==1; Kp=Ks;                              %P 控制参数
      elseif PID==2; Kp=Ks/1.2; Ti=0.5*Ts;          %PI 控制参数
      else PID==3; Kp=Ks/0.8; Ti=0.3*Ts; Td=0.1*Ts; %PID 控制参数
     end
     switch PID                    %计算并输出 P、PI、PID 控制器传递函数
       case 1,Gc1=Kp;
        disp(['Kp=',num2str(Kp)]);
       case 2,Gc2=tf([Kp* Ti,Kp],[Ti,0]);
       disp(['Kp=',num2str(Kp),' Ti=',num2str(Ti)]);
       case 3,Gc3=tf([Kp*Ti*Td,Kp*Ti,Kp],[Ti,0]);
      disp(['Kp=',num2str(Kp),' Ti=',num2str(Ti),' Td=',num2str(Td)]);
     end
  end
     G11=feedback(Gp*Gc1,1);step(G11);hold on;   %计算加入 P 控制闭环传
                                                     递函数并绘图
     G22=feedback(Gp*Gc2,1);step(G22);hold on;   %计算加入 PI 控制闭环
                                                     传递函数并绘图
     G33=feedback(Gp*Gc3,1);step(G33);           %计算加入 PID 控制闭环
                                                     传递函数并绘图
     legend('P 控制','PI 控制','PID 控制');
```

结果:

Ks=4.74   Ts=21.9967

Kp=4.74

Kp=3.95   Ti=10.9984

Kp=5.925   Ti=6.599   Td=2.1997

4:1 衰减法的 P、PI、PID 控制的输出曲线如图 2.6.15 所示。

说明:findpeaks( ) 为查找峰值的函数,MATLAB 需要安装 Signal Processing ToolBox 才能运行。

【例 2-6-8】 使用 10:1 衰减曲线法设计【例 2-6-7】中传递函数的 PID 控制器,

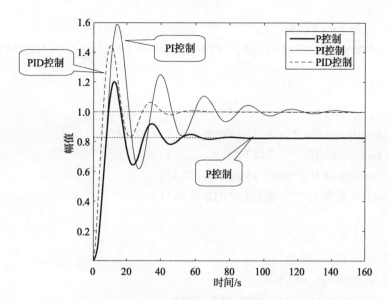

图 2.6.15　衰减比 4∶1 仿真结果

分别计算 P、PI 和 PID 的值，绘制控制前后的单位阶跃响应曲线，并与 4∶1 衰减法进行对比。

程序命令：

```
clear;
Gp = tf(1,[100 80 17 1]);
for Kr = 2:0.01:30                    %寻找10:1的Kr
    Gp1 = Kr*Gp;G2 = feedback(Gp1,1);
    C = dcgain(G2); [y,t] = step(G2);
    [Yp,tt] = findpeaks(y);
   if(Yp(1)-C)/(Yp(2)-C)-10 <= 0.01
        break;
    end
end
Tr = t(tt(2)) - tt(1));
disp(['Kr = ',num2str(Kr),'Tr = ',num2str(Tr)]);
 for PID = 1:3
    if PID == 1; Kp = Kr;
        elseif PID == 2; Kp = Kr/1.2; Ti = 2*Tr;
        else PID == 3; Kp = Kr/0.8; Ti = 1.2*Tr;Td = 0.4*Tr;
     end
 switch PID
    case 1,Gc1 = Kp; disp(['Kp = ',num2str(Kp)]);
    case 2,Gc2 = tf([Kp*Ti,Kp],[Ti,0]); disp(['Kp = ',num2str(Kp),' Ti =
        ',num2str(Ti)]);
```

```
    case 3,Gc3 = tf([Kp*Ti*Td,Kp*Ti,Kp],[Ti,0]);
    disp(['Kp = ',num2str(Kp),' Ti = ',num2str(Ti),' Td = ',num2str(Td)]);
  end
end
  t =0:0.01:160;
  G11 = feedback(Gp*Gc1,1);step(G11);hold on;
  G22 = feedback(Gp*Gc2,1);step(G22);hold on;
  G33 = feedback(Gp*Gc3,1);step(G33);
  legend('P 控制','PI 控制','PID 控制');
```

结果：

Kr = 2.91   Tr = 26.8177

Kp = 2.91

Kp = 2.425   Ti = 53.6355

Kp = 3.6375   Ti = 32.1813   Td = 10.7271

10:1 衰减法的 P、PI、PID 控制的输出曲线如图 2.6.16 所示。

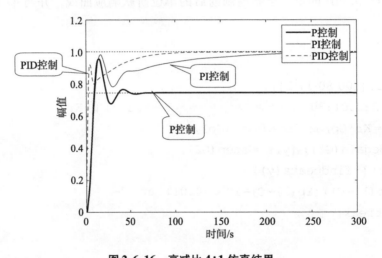

图 2.6.16　衰减比 4:1 仿真结果

结论：对比【例 2 - 6 - 7】中 4:1 阶跃响应曲线，10:1 衰减法的 P、PI、PID 控制器的超调量显著下降，上升速度有所提高，达到稳态的时间明显减少。对于该被控对象，10:1 比 4:1 衰减法的控制效果好，但并不说明任何对象的 10:1 衰减法都优于 4:1 方法。

4）临界比例度法

临界比例度法整定参数的步骤：对被控对象仅加比例环节，令积分系数、微分系数 $K_i = 0$，$K_d = 0$，形成比例控制系统。调整比例从小到大，使系统阶跃响应输出为等幅振荡，如图 2.6.17 所示。此时记录临界状态的比例值 K_p 为 K_{cr}，周期为 T_{cr}，根据表 2.6.6 经验公式，计算 PID 参数值。

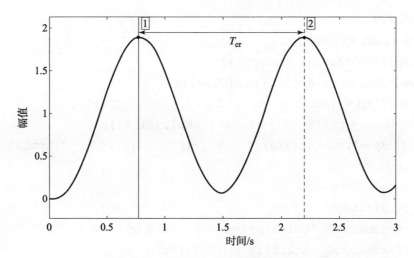

图 2.6.17　临界比例度法等幅振荡结果

表 2.6.6　临界比例度方法

控制方式	$1/K_p$	T_i	T_d
P 调节	$2/K_{cr}$		
PI 调节	$2.2/K_{cr}$	$0.85T_{cr}$	
PID 调节	$1.67/K_{cr}$	$0.5T_{cr}$	$0.125T_{cr}$

【例 2 – 6 – 9】　使用临界比例度法设计【例 2 – 6 – 7】中传递函数 PID 控制器，分别计算 P、PI 和 PID 控制参数的值，并绘制控制前后的单位阶跃响应曲线，将该结果与 10∶1 衰减法进行比较。

程序命令：

```
clear;Gp = tf(1,[100 80 17 1]);
for Kcr = 2:0.01:30
Gp1 = Kcr*Gp;G2 = feedback(Gp1,1); [y,t] = step(G2); [Yp,tt] = findpeaks(y);
  if abs(Yp(1) - Yp(2)) <= 0.01     %判断第 1、2 次出现的峰值相等,误差≤0.01
  break;
  end
end
Tcr = t(tt(2)) - tt(1));        %计算两个峰值的时间
  disp(['Kcr = ',num2str(Kcr),'Tcr = ',num2str(Tcr)]); %输出计算 PID 所
                                    需参数 Kcr 和 Tcr
for PID = 1:3
 if PID == 1; Kp = Kcr/2;
 elseif PID == 2; Kp = Kcr/2.2; Ti = 0.85*Tcr;
 else PID == 3; Kp = Kcr/1.67; Ti = 0.5*Tcr;Td = 0.125*Tcr;
 end
```

```
switch PID
  case 1,Gc1 = Kp;
    disp(['Kp = ',num2str(Kp)]);
  case 2,Gc2 = tf([Kp*Ti,Kp],[Ti,0]);
    disp(['Kp = ',num2str(Kp),' Ti = ',num2str(Ti)]);
  case 3,Gc3 = tf([Kp*Ti*Td,Kp*Ti,Kp],[Ti,0]);
  disp(['Kp = ',num2str(Kp),' Ti = ',num2str(Ti),' Td = ',num2str(Td)]);
 end
end
  t = 0:0.01:160;
  G11 = feedback(Gp*Gc1,1);step(G11);hold on;
  G22 = feedback(Gp*Gc2,1);step(G22);hold on;
  G33 = feedback(Gp*Gc3,1);step(G33);
  legend('P Controller','PI Controller','PID Controller');
```
结果:PID 控制参数为

Kcr = 12.47 Tcr = 15.331

P 控制:Kp = 6.235

PI 控制:Kp = 5.6682 Ti = 13.0313

PID 控制:Kp = 7.4671 Ti = 7.6655 Td = 1.9164

P、PI、PID 控制响应曲线如图 2.6.18 所示。

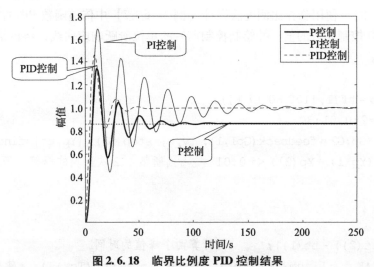

图 2.6.18 临界比例度 PID 控制结果

结论:临界比例度法的 PID 相对于 P、PI 控制有较快的上升速度,但超调量值还是比 10:1 衰减法高得多,达到了 35%,在 2% 稳态误差下的稳态时间和 10:1 相差不多。两种方法的 PI 和 PID 控制均能达到稳态误差为零的效果。

总结:针对【例 2 - 6 - 4】~【例 2 - 6 - 9】,分别使用了 5 种方法进行工程 PID 控制器设计,其中,动态特性参数法和科恩 - 库恩整定法使用的是相同惯性加延迟的被控对象,控制效果进行了参数对比。【例 2 - 6 - 5】在科恩 - 库恩整定法基础上微调了参数,得到了相对较好的控制效果。衰减曲线法和临界比例度法使用的也是同一三阶被控对象，其控制结果也作了参数比对，每个案例均使用 P、PI、PID 三种控制方案进行了整定。实验表明，P 控制有较大的稳态误差，PI、PID 控制都能达到稳态误差为零，但有一定的超调量和稳态时间，实际应用可在工程整定法的基础上进行微调参数，实验也证明了试凑法控制效果最好。

4. 使用 Smith 预估器设计 PID 控制器

被控对象纯滞后使系统的稳定性降低，动态性能变差，导致超调量变大和持续振荡，给控制器的设计带来困难。Smith 预估器是一种广泛用于补偿纯滞后的方法，它是在 PID 控制器中并联一个补偿环节分离纯滞后部分，以改善大延迟带来的影响。

1）Smith 预估器控制的基本原理

对于过程控制中的大延迟系统，使用工程整定法仍有较长的稳态时间，Smith 预估器控制原理就是在 PID 控制基础上添加补偿设计，以抵消被控对象的纯滞后因素。该方法是预先估计出在基本扰动下的动态特性，然后由预估器进行补偿控制，力图使被延迟的被调量提前反映到控制器中，并使之动作减小超调量。如果预估模型准确，可消除纯滞后的不利影响，获得较好的控制效果。

其实现方法如图 2.6.19 所示。$G_0(s)e^{-\tau s}$ 为被控对象的传递函数为，$G_0(s)$ 为除去纯滞后的部分对象，$G_c(s)$ 为控制器传递函数，$G_s(s)$ 为预估补偿器的传递函数。由控制系统框图看出：

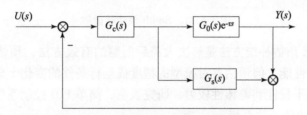

图 2.6.19　Smith 预估器控制原理

经补偿后等效被控对象的传递函数为

$$\frac{C'(s)}{U(s)} = G_0(s)e^{-\tau s} + G_s(s) \tag{2-6-3}$$

选择

$$\frac{C'(s)}{U(s)} = G_0(s)e^{-\tau s} + G_s(s) = G_0(s) \tag{2-6-4}$$

即 Smith 预估器的数学模型，由此看出补偿器的作用完全补偿了被控对象纯滞后 $e^{-\tau s}$，此时，传递函数可等效成

$$\frac{C(s)}{U(s)} = \frac{G_c(s)G_0(s)}{1+G_c(s)G_0(s)}e^{-\tau s} \tag{2-6-5}$$

由式（2-6-4）可知 $G_0(s)$ 为不包含延迟时间下的对象模型，如图 2.6.20 所示。

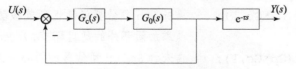

图 2.6.20　Smith 分离延迟结果

其中，Smith 预估器 G_s 的数学模型为

$$G_s(s) = G_0(s)(1 - e^{-\tau s}) \qquad (2-6-6)$$

2）Smith 预估器控制特点

由控制系统在 Smith 作用下传递函数［式（2-6-4）］看出，即纯滞后环节 $e^{-\tau s}$ 被放在了闭环控制回路之外。此时的特征方程中已经不包含 $e^{-\tau s}$ 项，说明系统已经消除了纯滞后对控制品质的影响，但延迟项在传递函数的分子上，也会将输出响应在时间轴上推迟 τ 时间。但控制系统的过渡过程及其他性能指标与对象特性为 $G_0(s)$ 完全相同。因此将 Smith 预估器与控制器并联，理论上可以使控制对象的时间滞后得到完全补偿。

使用计算机来实现 Smith 预估器非常容易，一方面可在原 PID 控制的基础上进行编程实现，另一方面也可以通过 Simulink 仿真实现。在实际应用中，Smith 预估器不是接到被控对象上，而是反向接到控制器上，即：由式（2-6-6）得到的控制框图 2.6.21 与图 2.6.19 是等价的。

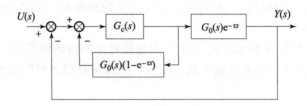

图 2.6.21　Smith 预估器前移

一般认为，Smith 预估补偿方法是解决大滞后问题的有效方法，预估系统在模型基本准确时能表现出良好的性能，但预估器对模型的精度或运行条件的变化十分敏感，对预估模型的精度要求较高，抗干扰性和鲁棒性较差。研究表明，简单 PID 控制系统承受对象变化的能力要强于带有 Smith 预估器的系统。

【例 2-6-10】　使用 Smith 预估器重新设计【例 2-6-4】中被控对象的控制系统，要求：

（1）使用动态特性参数法设计 PID 控制器基础上，加入 Smith 预估器，比较 Smith 预估器和 PID 控制的效果，并绘制两种控制的阶跃响应曲线。

（2）根据 Smith 预估器得到的结论，使用动态特性参数法计算 PID 控制参数，重新编写程序。

程序命令：

```
K =22;T =50;tau =20;G1 =tf(K,[T,1]);
[n1,d1]=pade(tau,2);G2 =tf(n1,d1);Gp =G1*G2;
 Kp =(tau/T +0.88)/(2.6*K*(tau/T -0.15)); Ti =0.81*T +0.19*tau; Td =0.25*T
   Gc =tf([Kp* Ti* Td,Kp* Ti,Kp],[Ti,0]);    %计算 PID 控制器传递函数
 disp(['Kp = ',num2str(Kp),' Ti = ',num2str(Ti),' Td = ',num2str(Td)]);
G11 = feedback(G1*Gc,1);      %Smith 预估器将延迟环节移动到了闭环之外
G12 = G11*G2;                 %添加闭环外的延迟环节,为 Smith 预估器传递函数
G22 = feedback(Gp*Gc,1);      %未加 Smith 预估器的闭环传递函数
subplot(1,2,1);step(G12);     %绘制 Smith 预估器控制的阶跃响应
```

```
subplot(1,2,2);step(G22);    %绘制 PID 控制的阶跃响应
```
结果：Kp = 0.08951　Ti = 44.3　Td = 12.5

两种方法的响应曲线如图 2.6.22 所示。

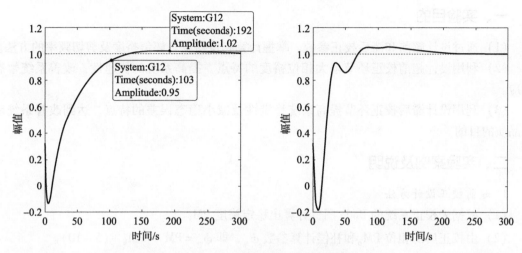

图 2.6.22　Smith 预估器控制结果

结论：工业自动化生产中，一般认为纯延迟时间 τ 与时间常数 T 之比大于 0.3，则该过程是具有大延迟的工艺过程。当 τ / T 增加，过程中的相位滞后增加，将引起系统不稳定，当被控量超过安全限时，会危及设备及人身安全。其中【例 2 - 6 - 10】中的系统就是一个不稳定系统，实验表明，使用 Smith 预估器比普通 PID 控制有着更好的控制效果。

三、实验内容与要求

（1）根据自动控制理论原理的内容，自行建立一个被控对象，参数自定义，要求：

①编程实现判断原系统的动态特性指标，包括：超调量、稳态时间、稳态误差。

②自行设定控制指标，原则是使得超调量最小，调节时间（$\Delta = 2\%$，5%）最短，控制系统输出的稳态误差值最小。

③使用试凑法进行编程实现整定控制参数 K_p、K_i 和 K_d，并输出控制前、后的阶跃响应曲线（同一坐标中）。

④输出经过控制后的超调量 M_p、稳态时间 t_s 和稳态误差值。

（2）针对自行设定的控制对象，分别使用工程整定的任何两种方法整定 PID 控制参数，并针对不同控制方法的参数进行结果对比。

（3）使用界面人 – 机对话方式，完成两种工程整定法 PID 参数的整定。

四、思考题

（1）PID 控制器参数设计能否使用理论计算法获得？有何特点？

（2）PID 控制器是否适合所有的被控对象？

（3）针对自行建立的被控对象，总结不同 PID 控制参数整定的优缺点。

（4）总结 PID 控制器的优缺点。

实验七　频域法超前和滞后校正设计

一、实验目的

（1）通过设计超前和滞后校正参数，掌握计算相位裕度、幅值裕度及剪切频率的方法。

（2）利用设计超前校正环节增大相位裕度的特点，提高系统的快速性，改善系统暂态响应。

（3）利用设计滞后校正环节提高系统稳定性及减小稳态误差的特点，达到改善系统动态品质的目的。

二、实验案例及说明

1. 超前校正设计方法

（1）根据未校正系统的 Bode 图，计算出稳定裕度 PM_k。

（2）由校正后的相位 PM_d 和补偿计算参数 ϕ_m，即 $\phi_m = PM_d - PM_k + (5 \sim 10)$。

（3）由公式 $\alpha = \dfrac{1 + \sin\phi_m}{1 - \sin\phi_m}$ 计算 α。

（4）由 α 值确定校正后的系统的剪切频率 ω_m，即 $L(\omega) = -10\lg\alpha$（dB）。

（5）根据 ω_m 计算校正器的零极点的转折频率 T。

（6）由 α 值和 T 值计算校正超前校正环节的传递函数 $G_c = \dfrac{1 + \alpha Ts}{1 + Ts}$。

2. 滞后校正设计方法

（1）由给定的相位裕度 PM_d，确定校正后系统的剪切频率 ω_{gc}，即 $\phi(\omega_{gc}) = -180° + PM_d + (5° \sim 10°)$。

（2）根据 ω_{gc} 计算校正器的零极点的转折频率 Wc1。

（3）由 Wc1 和幅值的分贝数确定 β，即 $-20\lg\beta = L(\omega_{gc})$。

（4）为了避免最大滞后角发生在已校正系统开环截止频率附近，通常使网络的交接频率 ω_1 远小于剪切频率，一般取 $0.1\omega_{gc}$。

（5）由交接频率 ω_1 和网络 β 确定 T，即 $T = 1/(\beta * w_1)$。

（6）由 T 和 β 确定校正传递函数：$G_c = \dfrac{1 + Ts}{1 + \beta Ts}$。

【例 2 - 7 - 1】　已知单位负反馈系统被控对象框图如图 2.7.1 所示。

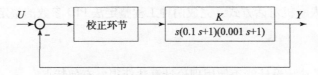

图 2.7.1　超前校正网络框图

设计校正环节传递函数，使之满足相位裕度在 53°，要求：

（1）取 $K \geqslant 1\,000$ 时设计校正环节并输出校正参数。

(2) 画出校正前后的 Bode 图。

(3) 验证校正后是否满足了给定要求。

(4) 绘制校正前后的阶跃响应曲线并进行对比。

命令程序：

```
K =1000; num =1;den = conv(conv([1 0],[0.1 1]),[0.001 1]);
Gp = tf(K*num,den);G1 = feedback(Gp,1);
[Gm,Pm,Wcg,Wcp]=margin(Gp); margin(Gp); fm =53 - Pm +8;
a = (1 - sin(fm*pi/180))/(1 + sin(fm*pi/180));
[mag,pha,w]=bode(Gp);Lg =-10*log10(1/a);
wmax = w(find(20*log10(mag(:))<=Lg));wmax1 = min(wmax);
wmin = w(find(20*log10(mag(:))>=Lg));wmin1 = max(wmin);
wm = (wmax1 + wmin1)/2; T =1/(wm* sqrt(a));T1 = a*T;
Gc = tf([T,1],[T1,1]); G = Gc*Gp;G2 = feedback(G,1);
[Gm,Pm,Wcg,Wcp]=margin(G);
if  Pm >=53;disp(['设计后相位裕量是:',num2str(Pm),' 相位裕量满足了设计要求'])
else
disp(['设计后相位裕量是:',num2str(Pm),' 相位裕量不满足设计要求'])
end;bode(Gp,G);grid on;figure(2);margin(Gp);
figure(3);margin(G);figure(4);step(G1);
figure(5);step(G2);
```

结果：

```
Gc =0.01983 s +1
    -----------
    0.001238 s +1
```

Continuous - time transfer function.

设计后相位裕量是:53.8191

相位裕量满足了设计要求

校正前后的 Bode 图如图 2.7.2 所示。

校正前后的幅值裕度、相位裕度及剪切频率的 Bode 图如图 2.7.3 所示。

校正前后闭环系统的阶跃响应曲线如图 2.7.4 所示。

【例 2 – 7 – 2】　已知单位负反馈系统被控对象框图如图 2.7.5 所示，要求：

(1) K 取值 $K \geqslant 30$；

(2) 校正当相位裕度 $>45°$；

(3) 使得穿越频率 $\omega_c \geqslant 2.3 \text{ rad/s}$；

(4) 使得幅值裕度大于 10。

命令程序：

```
K =30; num =1;den = conv(conv([1 0],[0.1 1]),[0.2 1]);
Gp = tf(K*num,den); [mag,phase,w] = bode(Gp);
for i =1:length(phase);m(i) = phase(:,:,i);
```

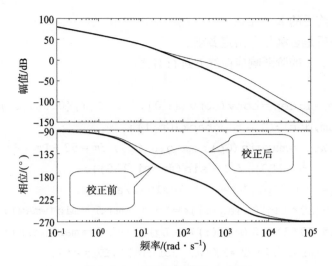

图 2.7.2　超前校正前后 Bode 图

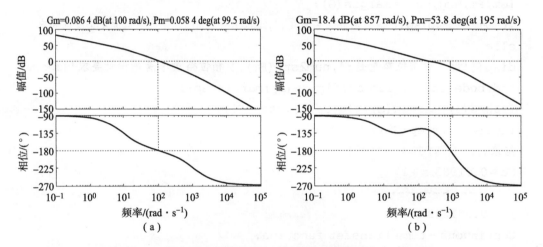

图 2.7.3　校正前后的幅值裕度、相位裕度及剪切频率 Bode 图

（a）校正前参数；（b）校正后参数

```
end;Wc1 = spline(m,w,fm);
magdb = 20 * log10(mag); Lg = spline(w,magdb,Wc1);
B = 10^(-Lg/20);w1 = 0.1 * Wc1;T = 1/(B * w1);
nc = [B * T,1];dc = [T,1];Gc = tf(nc,dc);
disp(['校正环节传递函数为:']);
printsys(nc,dc,'s'); G = Gp * Gc;
figure(1);margin(Gp);grid on;figure(2);margin(G); grid on;
num1 = G.num{1};den1 = G.den{1};
disp(['校正系统总传递函数为:']);
printsys(num1,den1,'s')      %显示校正系统传递函数
[Gm,Pm1,Wcg,Wcp] = margin(G);
Gm1 = 20 * log10(Gm);
```

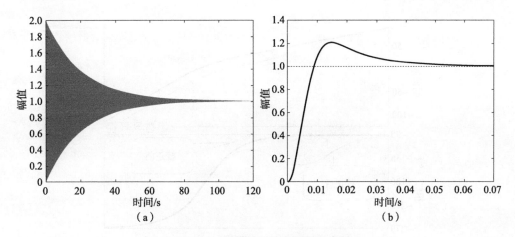

图 2.7.4 校正前后的阶跃响应曲线

（a）校正前阶跃响应曲线；（b）校正后阶跃响应曲线

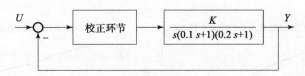

图 2.7.5 滞后校正网络框图

```
if Gm1 >=10 & Pm1 >=45 & Wc1 >=2.3
disp(['设计后相位裕量:',num2str(Pm1),'幅值裕量:',num2str(Gm1),'穿越频
率:',num2str(Wc1),'满足了设计要求'])
else
disp(['设计后相位裕量是:',num2str(Pm1),' 幅值裕量:',num2str(Gm1),'穿越
频率:',num2str(Wc1),'不满足设计指标要求'])
end; figure(3);bode(Gp,G);grid on;
```

结果：

校正环节传递函数为

```
num/den =    4.3045 s +1

             ----------------

             49.1016 s +1
```

校正环节传递函数为

```
num/den =                129.1338 s +30

          --------------------------------------------

          0.98203 s^4 +14.7505 s^3 +49.4016 s^2 +s
```

设计后相位裕量：46.674 7，幅值裕量：14.551 3。

穿越频率：2.323 2 满足了设计要求。校正前后 Bode 图如图 2.7.6 所示。

校正前后的幅值裕量和相位裕量图及参数如图 2.7.7 所示。

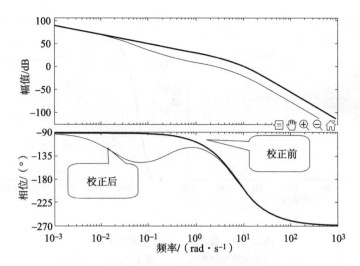

图 2.7.6　滞后校正前后 Bode 图

$G_m=-6.02$ dB(at 7.07 rad/s),$P_m=-17.2°$(at 9.77 rad/s)　　　$G_m=14.6$ dB(at 6.84 rad/s),$P_m=46.7°$(at 2.33 rad/s)

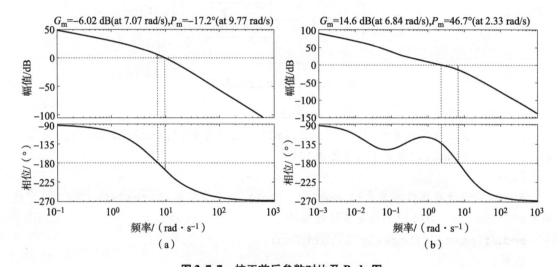

（a）　　　　　　　　　　　　　　　　　（b）

图 2.7.7　校正前后参数对比及 Bode 图

（a）校正前参数及 Bode 图；（b）校正后参数及 Bode 图

三、实验内容与要求

（1）已知单位负反馈系统被控对象框图如图 2.7.8 所示。

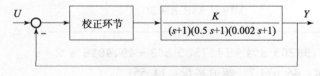

图 2.7.8　超前校正系统

设计校正环节传递函数，使之满足相位裕度在 53°，要求：

① 取 $K\geqslant 1\ 000$ 时设计校正环节并输出校正参数；

②画出校正前后的 Bode 图；

③验证校正后是否满足了给定要求；

④绘制校正前后的阶跃响应曲线。

（2）已知单位负反馈系统被控对象框图如图 2.7.9 所示，设计滞后校正环节传递函数，要求：

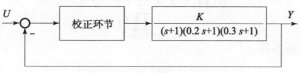

图 2.7.9　滞后校正系统

①K 取值 $K \geqslant 20$；

②校正当相位裕度 $> 50°$；

③使得穿越频率 $\omega_c \geqslant 2.2$ rad/s；

④使得幅值裕度大于 10。

四、思考题

（1）说明使用频域法串联校正设计和时域 PID 控制器设计的异同点。

（2）频域法串联超前校正和滞后校正的主要作用各是什么？

实验八　根轨迹校正设计

一、实验目的

（1）掌握根轨迹设计计算闭环系统主导极点的方法。

（2）掌握将主导极点配置到期望的位置、使用根轨迹法校正的方法步骤，达到给定的性能指标。

二、实验案例及说明

根轨迹分析是解决系统稳定性及动态性能的方法之一，它是在已知开环传递函数零、极点分布的基础上，研究开环增益或某个参数变化对系统闭环极点分布的影响。根轨迹设计需要先计算闭环系统主导极点的值，再将主导极点配置到期望的位置上，达到提高系统性能指标的目的。

1. 根轨迹分析

（1）系统特征方程的根。设系统的闭环传递函数为 $G_\phi(s) = \dfrac{G(s)}{1 + G(s)H(s)}$，由此可得到系统的特征方程为

$$1 + G(s)H(s) = 0 \tag{2-8-1}$$

根据标准二阶系统特征方程 $s^2 + 2\zeta\omega_n s + \omega_n^2 = 0$ 可以求解系统的特征根，即

$$s_{1,2} = -\zeta\omega_n \pm j\omega_n \sqrt{1 - \zeta^2} \tag{2-8-2}$$

可见，特征根与阻尼比 ζ、自由振动频率 ω_n 有直接关系，若 ζ、ω_n 变化可影响系统的

稳定性及动态性能。

（2）根轨迹方程。当系统有 m 个开环零点和 n 个开环极点时，式（2-8-3）称为根轨迹方程。

$$G(s) = K \times \frac{\prod_{j=0}^{m}(s - Z_j)}{\prod_{i=0}^{n}(s - P_i)} \qquad (2-8-3)$$

（3）根轨迹的相角条件：

$$\sum_{j=1}^{m} \angle(s - Z_j) - \sum_{i=1}^{n} \angle(s - P_i) = (2k+1)\pi \quad k = 0, \pm 1, \pm 2 \cdots \quad (2-8-4)$$

（4）根轨迹的模值条件：

$$K = \frac{\prod_{j=0}^{m}(s - Z_j)}{\prod_{i=0}^{n}(s - P_i)} \qquad (2-8-5)$$

根据相角条件和模值条件，可以确定 S 平面上根轨迹放大系数 K 的值。

（5）利用根轨迹图可以清楚地看到：

①临界稳定时开环系统的增益 K。

②闭环特征根进入复平面时的临界增益。

③选定开环增益后，系统闭环特征根在根平面上的分布情况。

④参数改变时，闭环系统极点位置及其动态性能的改变情况。

2. 根轨迹校正设计

根轨迹设计是按照给定的时域指标——峰值时间、调整时间、超调量、阻尼比、稳态误差等特征量，先计算一对主导极点值，再将闭环系统的主导极点配置到期望的位置上，达到改善系统性能的目的。如果系统的期望主导极点不在系统的根轨迹上，需要增加开环零点或极点校正环节，适当选择零、极点的位置，可使得系统的根轨迹经过期望主导极点，且在主导极点处满足给定要求，称根轨迹校正。

1）理论计算依据

（1）根据二阶系统标准闭环传递函数 $G(s) = \dfrac{Y(s)}{U(s)} = \dfrac{\omega_n^2}{s^2 + 2\zeta\omega_n + \omega_n^2}$ 的两个重要参数——阻尼比 ζ 和自由振动频率 ω_n，可以计算超调量 M_p 与稳态时间 t_s，即

$$t_s \approx \frac{3}{\zeta\omega_n}, \ (\Delta = 5\%), \ t_s \approx \frac{4}{\zeta\omega_n}, \ (\Delta = 2\%) \qquad (2-8-6)$$

$$M_p = e^{-\pi\zeta / \sqrt{1-\zeta^2}} \times 100\% \qquad (2-8-7)$$

由式（2-8-8）可知阻尼 ζ 推导超调量 M_p 的计算公式：

$$\zeta = \sqrt{\frac{\log_e^2(M_p)}{\pi^2 + \log_e^2(M_p)}} \qquad (2-8-8)$$

（2）根据超调量 M_p、稳态时间 t_s 指标，可计算闭环主导极点。由于式（2-8-2）反推计算阻尼比的计算复杂，常用的方法是由二阶系统阻尼比与超调量的关系表，查找对应的阻尼比，如表 2.8.1 所示。

表 2.8.1　二阶系统阻尼比与超调量的关系

ζ	0	0.1	0.15	0.2	0.25	0.3	0.4	0.5	0.707
M_p/%	100	72.92	62	52.7	44.43	37.23	25.38	16.3	4.33

2）希望极点与相角计算

（1）根据给定的超调量，由表 2.8.1 或式（2-8-8）确定阻尼比 ζ 的值。

（2）根据稳态时间和稳态误差，由式（2-8-6）确定频率 ω_n。

（3）由式（2-8-2）确定希望极点：

$$S_{12} = -\zeta\omega_n \pm j\omega_n \sqrt{1-\zeta^2} = -\zeta * \omega_n \pm j * \omega_n * \text{sqrt}(1-\zeta^2)$$

（4）根据计算的希望极点，使用 angle() 计算复数相角，或使用 atan2(Imag(h), Real(h))，MATLAB 中的 angle 函数可以写为 atan2(Imag(h), Real(h))。

注意：Imag(h) 为其虚部，Real(h) 为其实部，求出的相角是弧度值。

（5）若求出的希望极点减去原系统相角满足 $(2n+1)\pi$，（$n=0, 1, 2, \cdots, n$），则该极点在根轨迹上，否则需要使用校正环节 $G_c(s) = K_c \dfrac{s+Z}{s+P}$ 进行校正。

（6）系统校正后的相角计算方法：

(180/pi)* (sum(angle(s1-z)) - sum(angle(s1-p)))

其中，z 为零点向量，求所有零点的相角和：sum(angle(s1-z))；p 为极点向量，求所有极点相角和：sum(angle(s1-p))。

【例 2-8-1】已知系统传递函数 $G = \dfrac{K \times (s+2)}{s(s+3)(s+5)(s+12)}$ 使用根轨迹校正，希望校正后的系统超调量小于等于 25%，在稳态误差 2% 的情况下，稳态时间小于等于 2 s。确定系统的希望极点，判断该极点是否在根轨迹上。

步骤：

（1）由表 2-8-1 看出，超调量 $M_p \leqslant 25\%$，应取 $\zeta \geqslant 0.4$，因此，可以取 $\zeta = 0.5$。

（2）根据 $\Delta = 2\%$，$t_s \leqslant 2$，由式（2-8-6）得出：$\omega_n = 4/(t_s * \zeta)$，$\omega_n = 4/(2*0.5) = 4$。

（3）由式（2-8-2）确定希望极点：

$$S_1 = -\zeta * \omega_n \pm j * \omega_n * \text{sqrt}(1-\zeta^2) = -2 \pm j3.464$$

（4）系统校正后的相角计算：

ang = (180/pi)* (sum(angle(s1-z)) - sum(angle(s1-p)))

如果 ang = $(2n+1)*180$，$n=0, 1, 2, \cdots$，则希望极点在根轨迹上；否则，希望极点不在根轨迹上。

```
clc;
Mp =0.25;ts =2;
z = -2;k =1;p = [-1 -3 -5 -12];
G = zpk(z,p,k);
zata = sqrt((log(Mp))^2/(pi^2 + (log(Mp))^2))    %由式(2-8-8)计算阻尼比ζ
zata = round(zata +0.1,1);
wn =4/(ts*zata);wn = ceil(wn);                    %由式(2-8-6)计算ωn
```

```
S1 = - zata*wn + j*wn*sqrt(1 - zata^2);
ang = (180/pi)*(sum(angle(S1 - z)) - sum(angle(S1 - p)))
 for n = 0:5
  if ang == (2*n + 1)*180
   flag = 1;
  else
   flag = 0;
  end
  end
 if flag == 0
    disp(['希望极点不在根轨迹上,需要加校正环节'])
   else
     disp(['希望极点在根轨迹上'])
end
```

结果:

ang = - 158.2132

希望极点不在根轨迹上,需要加校正环节。

3)根轨迹校正步骤

(1)依据要求的系统性能指标,按照计算主导极点 s_1 的期望值,绘制根轨迹,观察期望主导极点位置,判断原根轨迹是否能通过期望闭环极点,一般不在根轨迹上,必须加入超前校正环节。

(2)因为增加校正环节相当于增加了一个零点和极点,如果校正后系统阶次要保持不变,就要选择一个极点与零点抵消,如原系统极点很多,则选择离虚轴较近的极点,因为离虚轴远的极点作业很快消失。

(3)确定校正环节零点的方法,可直接在期望的闭环极点位置下方(或在前两个实数极点的左侧)增加一个相位超前实数零点。

(4)确定校正环节极点的方法,可利用极点的相角,使得系统在期望主导极点上满足根轨迹的相角条件。通过几何作图法来确定零极点位置,其步骤为:

①过主导极点 $A|(s_i)$ 与原点作直线 OA,过主导极点 $A(s_i)$ 作水平线 PA。

②平分两线夹角 $\angle PAO$ 作直线 AB 交负实轴于 B 点,由直线 AB 两边各分 $\phi/2$ 作射线交负实轴于 C、D 点,左边交点 C 为极点 $-P$,右边交点 D 为零点 $-Z$,如图 2.8.1 所示。

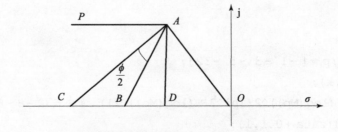

图 2.8.1 根轨迹校正极点、零点确定

③根据期望的闭环极点，计算校正相角：

$$\varphi = -180 - \angle G_0(s_1) \qquad (2-8-9)$$

若已知希望极点是 s_1，使用 MATLAB 求得希望极点 s_1 相角函数为 $\text{angle}(s_1)$ 即可。

④利用校正相角、期望极点相角值计算校正环节的零点 Z 和极点 P，由希望极点到原系统零与极点的距离积计算校正环节的放大系数 K_c，得到超前环节的传递函数：

$$G_c(s) = K_c \frac{s+Z}{s+P} \qquad (2-8-10)$$

说明：首先应根据系统期望的性能指标确定系统闭环主导极点的理想位置，然后通过选择校正环节的零、极点来改变根轨迹的形状，使得理想的闭环主导极点位于校正后的根轨迹上。

4）根轨迹校正框图

为了使根轨迹校正环节计算参数方便，将系统传递函数转换成零极点的形式，用 Z、P、K 表示系统零点、极点及放大系数，根轨迹校正的框图如图 2.8.2 所示。

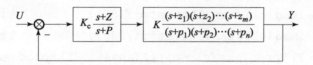

图 2.8.2　根轨迹校正一般形式

说明：Z、P、K_c 为校正环节参数，z_1，z_2，$\cdots$，z_m，p_1，p_2，$\cdots$，p_n，k 为被控对象参数。

5）根轨迹校正举例

【例 2-8-2】　已知系统的开环传递函数为 $G_0(s) = \dfrac{5}{s(s^2+3s+2)}$，给定性能指标为 $M_p \leqslant 25\%$，$t_s \leqslant 3$ s，试用根轨迹校正法确定校正环节参数，要求：

（1）计算校正环节传递函数并输出；

（2）输出校正后总闭环传递函数；

（3）绘制校正前后的根轨迹及时域的阶跃响应曲线；

（4）比较校正前后系统的动态指标参数，判定超调量 M_p 和 t_s 是否满足给定性能指标。

程序命令：

```
clc;clear;num=5;den=[1 3 2 0];G=tf(num,den);G1=feedback(G,1);
  %原系统传递函数
figure(1);rlocus(num,den);                    %绘制原系统根轨迹
Mp=0.25;ts=3;                                  %设定校正指标
zata=sqrt((log(Mp))^2/(pi^2+(log(Mp))^2));    %由式(2-8-8)计算阻尼比 ζ
wn=3/(ts*zata);                               %由式(2-8-6)计算 ωn
sgrid(zata,wn)                                %绘制给定指标栅格
s1=-zata*wn+wn*sqrt(1-zata^2)*j;              %s1 为期望极点 s1
[z,p,k]=zpkdata(G,'v');                       %设计原传递函数零点、极点和 k 值
sys_pha=(180/pi)*(sum(angle(s1-z))-sum(angle(s1-p)));
```

```
%s 计算配置后系统相角
for n = 0:5
    if sys_pha == (2*n+1)*180
        flag = 0
    else
        flag = 1;
    end
end
if flag == 1
    disp(['希望极点不在根轨迹上,需要加校正环节'])
Correct_pha = -180 - sys_pha;                          %计算校正相角
Phase = angle(s1)*180/pi;                              %计算期望极点相角
Thetap = Phase/2 - Correct_pha /2; Thetaz = Phase/2 + Correct_pha /2;
P = real(s1) - imag(s1)/tan(Thetap*pi/180);           %计算校正极点
Z = real(s1) - imag(s1)/tan(Thetaz*pi/180);           %计算校正零点
K0 = (abs(s1-P)*prod(abs(s1-p)))/(abs(s1-Z)*prod(abs(s1-z)));
    %计算到零极点的距离积
Kc = K0/k;                                            %计算校正放大系数
disp(['根轨迹校正参数 Z P K 的值为:']);
disp(['Z = ',num2str(Z),' P = ',num2str(P),' K = ',num2str(Kc)])
    %输出校正参数
Gc = tf([Kc, -Kc*Z],[1, -P])                          %输出校正传递函数
%-----------------------------------计算校正前参数
[y1,t1] = step(G1);                                   %求阶跃响应曲线值
[Y1p,t1p] = max(y1);                                  %求 y 的峰值及峰值时间
C1 = dcgain(G1);                                      %求取系统的终值
M0p = 100*(Y1p-C1)/C1;                                %计算超调量
n = length(t1);
while(y1(n)>0.98*C1)&(y1(n)<1.02*C1)
n = n-1;
end
t0s = t1(n);
disp(['校正前的超调量 Mp 和稳态时间 ts 的值为:']);
disp(['Mp = ',num2str(M0p),'%',' ts = ',num2str(t0s),'秒']);
    %输出超调及稳态时间
%---------------------计算校正后参数
disp(['根轨迹校正后的总传递函数为:']);
G2 = feedback(Gc*G,1)                                 %校正后传递函数
figure(2);
```

```
subplot(1,2,1);step(G1);title('校正前');        %绘制校正前阶跃响应
subplot(1,2,2);step(G2);title('校正后');        %绘制校正后阶跃响应
[y,t]=step(G2);
[Yp,tp]=max(y);
C=dcgain(G2);
Mp=100*(Yp-C)/C;
k1=length(t);
while (y(k1)>0.98*C)&(y(k1)<1.02*C)
k1=k1-1;
end
tss=t(k1);
disp(['校正后的超调量 Mp 和稳态时间 ts 的值为:']);
disp(['Mp=',num2str(Mp),'%',' ts=',num2str(tss),'秒']);
                                                %输出超调及稳态时间
if Mp<=25 & tss<=4                              %判断是否满足设计指标
  disp(['本设计满足了给定性能指标']);            %输出校正参数
  else
  disp(['本设计不满足给定性能指标']);
end
figure(3);rlocus(G2);                           %绘制校正后根轨迹
 else
   disp(['希望极点在根轨迹上'])
 end
```

结果:

原系统根轨迹如图 2.8.3 所示。

系统校正前后的阶跃响应曲线如图 2.8.4 所示。

输出参数输出如下:

希望极点不在根轨迹上, 需要加校正环节。

根轨迹校正参数 Z、P、K 的值为

$Z = -0.522\ 22$, $P = -11.748\ 9$, $K = 13.190\ 2$

$$G_c = \frac{13.19\ s + 6.888}{s + 11.75}$$

校正前的超调量 M_p 和稳态时间 t_s 的值为

$M_p = 81.090\ 1\%$, $t_s = 79.571\ 2\ s$

根轨迹校正后的总传递函数为

$$G_2 = \frac{65.95\ s + 34.44}{s^4 + 14.75\ s^3 + 37.25\ s^2 + 89.45\ s + 34.44}$$

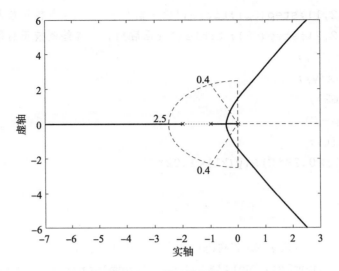

图 2.8.3　原系统根轨迹

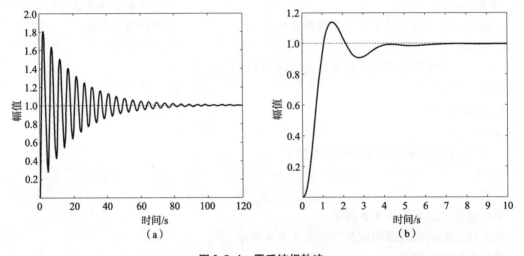

图 2.8.4　原系统根轨迹

(a) 校正前阶跃响应；(b) 校正后阶跃响应

校正后的超调量 M_p 和稳态时间 t_s 的值为

$M_p = 13.464\ 7\%$，$t_s = 3.776\ 2$ s

本设计满足了给定性能指标，绘制校正后的根轨迹如图 2.8.5 示。

结论：

根轨迹校正后增加了开环零点，而且所加零点为 $-0,52$，非常靠近虚轴，有利于改善系统的动态性能。

三、实验内容与要求

(1) 已知系统的开环传递函数 $G = \dfrac{K \times (s+5)}{s(s+1)(s+3)(s+9)}$，使用根轨迹校正，希望校正

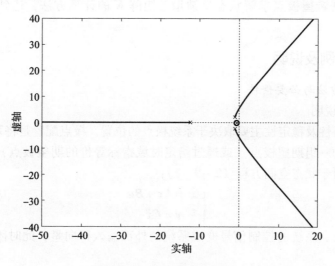

图 2.8.5　校正后的根轨迹

后的系统超调量小于等于 20%，在稳态误差 2% 的情况下，稳态时间小于等于 3 s。确定系统的希望极点，判断该极点是否在根轨迹上。

（2）已知单位负反馈系统被控对象框图如图 2.8.6 所示，要求使用根轨迹校正设计完成：

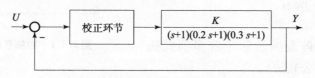

图 2.8.6　根轨迹校正系统

①计算校正环节传递函数并输出；

②输出校正后总闭环传递函数；

③绘制校正前后的根轨迹及时域的阶跃响应曲线；

④比较校正前后系统的动态指标参数，判定超调量 M_p 和 t_s 是否满足给定性能指标。

四、思考题

（1）说明使用根轨迹校正与频域法串联校正的异同点。

（2）当系统的性能指标给定何值时使用根轨迹校正方便？

（3）如何判断系统的主导极点是否在根轨迹上？

实验九　状态空间极点配置控制系统设计

一、实验目的

（1）掌握状态空间判定能控性、能观性的必要条件，掌握极点配置的方法步骤。

（2）掌握根据希望极点求解状态反馈增益矩阵 K 的计算方法，达到系统最优控制的目的。

二、实验案例及说明

1. 极点配置方法与必要条件

1）极点配置说明

系统的动态特性及稳定性主要取决于系统极点的位置，极点配置是将系统的极点恰好配置在根平面给定的一组期望极点（或通过给定时域指标等价的期望极点）上，以获得所希望的动态指标。对于状态空间方程（2-9-1）：

$$\begin{cases} \dot{x} = Ax + Bu \\ y = Cx \end{cases} \qquad (2-9-1)$$

当引入状态反馈后，系统的控制信号变成系统的外部输入行向量，此时闭环心态的状态方程为

$$\begin{cases} \dot{x} = (A - BK)x + Bu \\ y = Cx \end{cases} \qquad (2-9-2)$$

式中，K 为反馈增益矩阵。理论证明，当系统状态完全可控时，可通过状态反馈增益矩阵将系统配置到复平面的任何位置。控制系统状态反馈框图如图 2.9.1 所示。

2）极点配置方法步骤

极点配置有矩阵变换法和矩阵多项式法（也称为 Ackermann 公式法）。

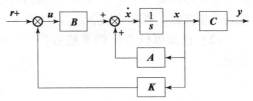

图 2.9.1　控制系统状态反馈框图

矩阵变换法：

（1）列出系统状态空间模型，判定系统的可控性，当状态阵 A 满秩时系统可控；在 MATLAB 中可用 rank（ctrb（A，b）） 实现。

（2）由希望的闭环极点得到希望的闭环特征方程，使用 poly（p） 函数确定系统矩阵 A 的特征多项式系数。

（3）使用 ctrb（a，b） 和 hankel（） 函数确定能控标准变换矩阵 T，即：$T = B * w$，其中 B 为能控性判别矩阵，在 MATLAB 中可用 ctrb（a，b） 实现，w 在 MATLAB 中可用 hankel（） 函数实现，若给定的状态方程已是能控标准形，则 $T = 1$。

（4）用引入反馈系数后的特征方程与希望的特征方程对比，确定期望特征多项式系数。

（5）求增益系数矩阵 K。

Ackermann 公式法：

根据式（2-9-2），得出 $|SI - (A - BK)|$ 的系统矩阵 A，由 Caley – Hamilton 理论，配置闭环极点，获得状态反馈系数矩阵 K。

命令程序：

（1）SISO 系统：K = acker（A,B,p）　% A、B 为系统矩阵;p 为期望特征值数组。

acker 函数利用 Ackermann 公式计算状态反馈系数矩阵 K，通过 K 的选择，使得闭环系统的极点恰好处于预先选择的一组期望极点上。

（2）MIMO 系统：K = place(A,B,p)，或：[K,prec,message] = place(A,B,p)

其中，prec 是系统闭环极点与希望极点 p 的接近程度，prec 返回每个量的值为匹配的位数。如果系统闭环极点的实际极点偏离希望极点 10% 以上，则 message 将给出警告信息。

place 函数利用 Ackermann 公式先计算反馈阵 $u = -Kx$，通过 K 值选择，使得全反馈的多输入/多输出系统具有指定的闭环极点。

（3）计算得到增益矩阵 K 后，可以使用 p = eig(A − BK) 输出全部极点值。

在 MATLAB 控制系统工具箱中提供了 place( ) 和 acker( ) 函数，可方便进行极点配置。

2. 系统可控性及判断方法

1）充分必要条件

状态矩阵 A 满秩，即

$$\text{rank}[A \quad AB \quad \cdots \quad A_{n-1}B] = n \tag{2-9-3}$$

对矩阵 A 的所有特征值，$\lambda_i = [i = 1,\ 2,\ 3,\ \cdots,\ n]$，有

$$\text{rank}[\lambda_i I,\ AB] = n,\ i = 1,\ 2,\ 3,\ \cdots,\ n$$

其中，n 为矩阵 A 的维数。$[A \quad AB \quad \cdots \quad A_{n-1}B]$ 称为系统的可控性判别阵。

对于线性定常连续 n 阶系统，可控性矩阵必须满秩，且还需要给出 n 个期望极点的系统性能指标。一般期望的极点是实数或成对出现的共轭复数。

2）MATLAB 可控性判别命令

命令格式：

Qc = ctrb(A,B);　　　%Qc 为可控阵

rank(Qc)　　　　　　%判断 Qc 是否满秩

结果为 n（n = 系统的阶次或 A 的维数），则系统完全可控。

3）完整可控性判别函数

function m = controllble(A,B)

ctrl = rank(ctrb(A,B));　　　%求可控矩阵的秩,ctrb(a,b)为系统的可控矩阵

n = length(A);

if n == ctrl　　　　　　　　%判断系统可控矩阵是否满秩

　　disp('系统可控')

　　else

　　disp('系统不可控')

　　end

3. 状态反馈极点配置空间变换参数

通过状态反馈矩阵 K 的选取，使闭环系统的极点，即 $A - BK$ 的特征值恰好处于所希望的一组给定闭环极点的位置上。此时，状态反馈律 $u = -Kx + v/L$ 作用下的闭环系统如图 2.9.2 所示。

系统状态反馈后，需要输入变换器 $1/L$ 进行配准，配准后的控制阵 $B_1 = LB$，L 取值为极点配置（状态阵 $A_1 = A - BK$）后传递函数 $s = 0$ 的值，以消除极点配置后的稳态误差，即：L 的取值是加入状态反馈系数矩阵后的传递函数转换成多项式传递函数，再令 s 为零，即

$$\frac{1}{L} = \left. \frac{s^m + b_1 s^{m-1} + b_2 s^{m-2} + \cdots + b_m}{s^n + a_1 s^{n-1} + a_2 s^{n-2} + \cdots + a_n} \right|_{s=0} \tag{2-9-4}$$

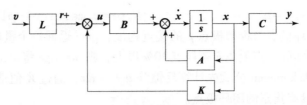

图 2.9.2　带变换器的状态反馈

程序命令：

```
[num1,den1]=ss2tf(A-B*K,B,C,D);        %极点配置后的分子、分母
L=polyval(den1,0)/polyval(num1,0);      %polyval()函数分子、分母多项式零
                                          点的值求状态空间变换参数 L
GK=ss(A-B*K,L.*B,C,D);                  %获得极点配置后的闭环传函 GK
```

结论：系统配置后，对完全可控的单输入/单输出系统，极点配置不改变系统零点分布状态。由于 n 阶系统含有 n 个可以调节的参数，因此状态反馈对系统品质改进程度一般比输出反馈好。

4. 系统可观测性及判断方法

1）状态观测器结构

状态观测器结构如图 2.9.3 所示。

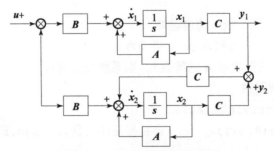

图 2.9.3　可观测器的状态结构

当观测器的状态 x_2 与系统实际状态 x_1 不相等时，反映到它们的输出 y_2 与 y_1 也不相等，产生的误差信号 $y_1 - y_2 = y_1 - Cx_2$，经反馈矩阵 G 送到观测器中每个积分器的输入端，参与调整观测器状态 x_2，使其以一定的精度和速度趋近于系统的真实状态 x_1。

由图 2.9.3 可以得到

$$\dot{x}_2 = Ax_2 + Bu + G(y_1 - y_2) = Ax_2 + Bu + Gy_1 - GCx_2$$

即

$$\dot{x}_2 = (A - GC)x_2 + Bu + Gy_1 \qquad (2-9-5)$$

式中，x_2 为状态观测器的状态矢量，是状态 x_1 的估值；y_2 为状态观测器的输出矢量；G 为状态观测器的输出误差反馈矩阵。

对于线性定常系统，完全可观测的充分必要条件是

$$\mathrm{rank}\begin{pmatrix} C \\ CA \\ \cdots \\ CA^{n-1} \end{pmatrix} = n \qquad \text{可观测阵满秩}$$

式中，n 为状态矩阵 A 的维数（阶次），由此可得到系统的可观测性矩阵：

$$G = \begin{bmatrix} C & CA & \cdots & CA^{n-1} \end{bmatrix}^{-1}$$

即，系统的可观测性是指根据给定输入和测量系统得到其全部状态参数的过程。判断可观性是设计观测器以得出反馈状态，由系统的状态矩阵 A 和输出矩阵 C 进行计算。

2）MATLAB 可观性判别命令

```
Go = obsv(A,C);          %Go 为可观测阵
rank(Go)                 %判断 Go 是否满秩
```

结果为 n 则系统完全可观测。

3）完整可观测性判别函数

系统设计状态观测器的前提条件是系统必须可观测，在设计状态观测器前必须判断系统的可观性，判断系统可观性函数：

```
function m = observable(A,C)          %判断系统的可观性
obsvb = rank(obsv(A,C));             %判断系统可观矩阵的秩
n = size(A,1);                       %状态阵阶次
if n == obsvb                        %判断系统可观矩阵是否满秩
  disp(['系统是可观测的！'])
    else
  disp(['系统是不可观测的！'])
end
```

【例 2-9-1】　已知系统状态方程，若期望特征值为 $p = [\,-2+2j,\ -2-2j,\ -10\,]$，判断系统是否可控，若完全可控，求状态增益矩阵 K。判断系统是否可观测，若完全能观测，求观测矩阵 G。

$$A = \begin{bmatrix} 0 & 1 & 0 \\ 0 & 0 & 1 \\ -1 & -5 & -6 \end{bmatrix} \qquad B = \begin{bmatrix} 0 \\ 0 \\ 1 \end{bmatrix} \qquad C = [1\ \ 0\ \ 0] \qquad D = 0$$

$$\begin{cases} \dot{x} = Ax(t) + Bu(t) \\ \quad\ y = Cx \end{cases}$$

步骤：

命令程序：

```
clear;clc;
a = [0 1 0;0 0 1;-1 -5 -6];b = [0;0;1];c = [1 0 0];d = 0;
[num0,den0] = ss2tf(a,b,c,d);G0 = tf(num0,den0);
G1 = feedback(G0,1);[num1,den1] = tfdata(G1,'v');  %得到闭环系统
[A,B,C,D] = tf2ss(num1,den1)
Nctr = rank(ctrb(A,B));          %求可控矩阵的秩
Nobsv = rank(obsv(A,C));         %求可观测矩阵的秩
n = length(A);                   %求状态矩阵维数
if n == Nctr                     %判断系统是否能控
disp('该系统是可控的');p = [-2 +2j -2 -2j -10];
```

```
K = place(A,B,p)
if n == Nobsv                    %判断系统是否能观
disp('该系统是可观测的');
G = place(A',C',p)
else
disp('该系统是不可观测的');
end
else
disp('该系统是不可控的'); disp('该系统也是不可观测的')
end
```

结果:

该系统是可控的

可控阵: K = [8 43 78]

该系统是可观测的

可观测阵: G = [68 -5 8]

【例 2 - 9 - 2】 已知系统的开环传递函数为 $G(s) = \dfrac{5}{s^3 + 21s^2 + 83s}$。

要求: 判断系统是否可控。若可控, 设计状态反馈矩阵, 在希望极点为 $p = [\,-10, \ -2 \pm j2\,]$ 上, 求出:

(1) 极点配置系数阵 K, 配置后的系统特征值 T。

(2) 绘制加入极点配置前后的阶跃响应曲线并对比。

命令程序:

```
num = [5]; den = [1 21 83 0]; G = tf(num,den);
[A,B,C,D] = tf2ss(num,den); Nctr = rank(ctrb(A,B));
n = length(A);
  if  n == Nctr
    disp(['系统是可控的!']);
     p = [-10 -2 +2j -2 -2j]; K = place(A,B,p);
  T = eig(A - B*K)
[num1,den1] = ss2tf(A - B*K,B,C,D);       %极点配置后的分子、分母
L = polyval(den1,0)/polyval(num1,0);      %求状态空间变换参数
GK = ss(A - B*K,L.*B,C,D);                %极点配置后的闭环传递函数
t = 0:0.1:20; step(G,GK,t)
        else
          disp(['系统是不可控的!']);
      end
```

结果:系统可控

K = [-7 -35 80]

T = -10.0000 + 0.0000i

　　-2.0000 +2.0000i

　　-2.0000 -2.0000i

　　绘制加入极点配置前后的阶跃响应曲线如图 2.9.4 所示。从图中可以看出，加入极点配置前系统是不稳定的，加入极点配置后，系统的超调量约 4%，稳态时间为 2.31 s。

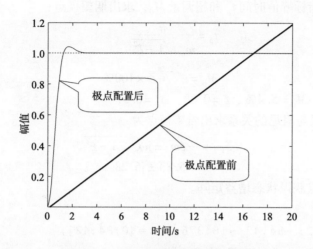

图 2.9.4　极点配置前后阶跃响应曲线

【例 2 - 9 - 3】　已知二自由度机械臂结构系统如图 2.9.5 所示。要求：性能指标按照超调量 $\sigma_p \leqslant 5.4\%$，峰值时间 $t_p \leqslant 0.5$ s 进行极点配置。

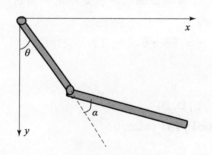

图 2.9.5　二自由度机械臂结构及状态反馈框图

步骤：

（1）闭环控制的状态反馈框图如图 2.9.6 所示。

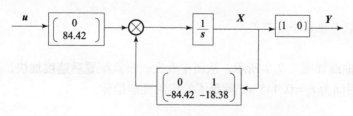

图 2.9.6　二自由度机械臂结构及状态反馈框图

（2）根据图2.9.3，建立系统的状态方程：

$$\dot{X} = \begin{bmatrix} 0 & 1 \\ -84.42 & -18.38 \end{bmatrix} X + \begin{bmatrix} 0 \\ 84.42 \end{bmatrix} u$$

$$y = \begin{bmatrix} 1 & 0 \end{bmatrix} x$$

（3）根据性能指标峰值时间 t_p 和超调量 M_p，求出期望极点：

$$t_p = \frac{\pi}{\omega_n \sqrt{1-\zeta^2}} \tag{2-9-6}$$

$$M_p = e^{-\frac{\zeta\pi}{\sqrt{1-\zeta^2}}} \times 100\%$$

解出：$t_p = 0.5$，$M_p = 5.4\%$，$\zeta = 0.68$，$\omega_n = 8.57$

根据二阶系统根与阻尼的关系求出希望极点为

$$\begin{aligned} S_{1,2} &= -\xi\omega_n \pm j\omega_n \sqrt{1-\xi^2} \\ &= -5.83 \pm j6.28 \end{aligned} \tag{2-9-7}$$

（4）由希望极点获得状态增益矩阵。

程序命令：

```
clc;A=[0 1;-84.42 -18.376;];B=[0;84.42];
C=[1  0];D=0;G=ss(A,B,C,D);
[num1,den1]=ss2tf(A,B,C,D)
G1=tf(num1,den1);Nctr=rank(ctrb(A,B));   %求可控矩阵的秩
n=length(A);            %求状态矩阵维数
if n==Nctr          %判断系统可控矩阵是否满秩
   disp('该系统是可控的')
   p=[-5.83+6.28j -5.83-6.28j];
K=acker(A,B,p)
A1=A-B*K
[num,den]=ss2tf(A1,B,C,D)
L=polyval(den,0)/polyval(num,0)
B1=L*B
[num2,den2]=ss2tf(A1,B1,C,D)
G2=tf(num2,den2)
t=0:0.01:2
step(G2,G,t)
    else
    disp('该系统是不可控的')
end
```

结果：输出曲线如图2.9.7所示。从图中看出，极点配置后速度加快，超调量稍增加为 $M_p = 5\%$，峰值时间为 $t_p = 0.445$ s，满足了给定的性能指标。

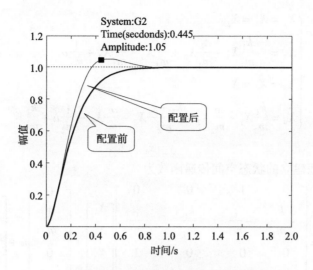

图 2.9.7　配置前后阶跃响应曲线

【**例 2 - 9 - 4**】　车辆悬挂系统物理示意图如图 2.9.8 所示。

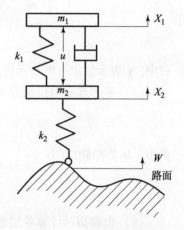

图 2.9.8　悬挂系统示意图

其中：

X_1 = 车身位移；

$\dot{X}_1$ = 车身速度；

$\ddot{X}_1$ = 车身加速度；

X_2 = 负重轮位移；

$\dot{X}_2$ = 负重轮速度；

$\ddot{X}_2$ = 负重轮加速度。

参数为：

车身质量：$m_1 = 30\ 000$ kg

负重轮质量：$m_2 = 640$ kg

悬挂弹簧刚度：$k_1 = 4\ 800\ 000$ N/m

悬挂阻尼系数：$b = 20\ 000$ N·s/m

负重轮等效刚度：$k_2 = 10k_1$

由于阶跃信号具有代表意义，把 W 设置成阶跃输入，要求：

利用状态空间的极点配置，设计控制器调整控制作用力，在路面阶跃信号的激励下，其性能指标为输出车身位移 X_1 的最大超调量 $M_p \leqslant 25\%$，调整时间 $t_s \leqslant 2$ s，允许稳态误差为 5%（阶跃信号的幅值设为 0.2 m，可以看成履带车辆高速通过 0.2 m 高的台阶路面）。

步骤：

（1）根据力学动力平衡建立的动力方程为

令：
$$X_1 = X_1,\ X_2 = \dot{X}_1,\ X_3 = X_2,\ X_4 = \dot{X}_2$$

推导结果如下：

$$\begin{cases} \dot{X}_1 = \dot{X}_1 = X_2 \\ \dot{X}_2 = -\dfrac{k_1}{m_1}X_1 - \dfrac{c}{m_1}X_2 + \dfrac{k_1}{m_1}X_3 + \dfrac{c}{m_1}X_4 + \dfrac{1}{m_1}u \\ \dot{X}_3 = \dot{X}_2 = X_4 \\ \dot{X}_4 = \dfrac{k_1}{m_2}X_1 + \dfrac{c}{m_2}X_2 - \dfrac{k_1+k_2}{m_2}X_3 - \dfrac{c}{m_2}X_4 - \dfrac{1}{m_2}u + \dfrac{k_2}{m_2}W \end{cases}$$

$$y = x_1$$

（2）由动力方程建立的状态空间传递函数为

$$\begin{bmatrix} \dot{X}_1 \\ \dot{X}_2 \\ \dot{X}_3 \\ \dot{X}_4 \end{bmatrix} = \begin{bmatrix} 0 & 1 & 0 & 0 \\ -\dfrac{k_1}{m_1} & -\dfrac{c}{m_1} & \dfrac{k_1}{m_1} & \dfrac{c}{m_1} \\ 0 & 0 & 0 & 1 \\ \dfrac{k_1}{m_2} & \dfrac{c}{m_2} & -\dfrac{k_1+k_2}{m_2} & -\dfrac{c}{m_2} \end{bmatrix} \begin{bmatrix} X_1 \\ X_2 \\ X_3 \\ X_4 \end{bmatrix} + \begin{bmatrix} 0 \\ \dfrac{1}{m_1} \\ 0 \\ -\dfrac{1}{m_2} \end{bmatrix} u + \begin{bmatrix} 0 \\ 0 \\ 0 \\ \dfrac{k_2}{m_2} \end{bmatrix} W$$

$$y = \begin{bmatrix} 1 & 0 & 0 & 0 \end{bmatrix} x$$

$$W = 0.2$$

式中，y 表示输出；W 表示阶跃信号的幅值。

（3）考虑有主动控制力 u 的情形，添加状态反馈的主动控制，得到状态方程

$$\dot{x} = (A - BK)X + HW$$

$$|sI - (A - BK)| = 0 \qquad (2-9-8)$$

式中，H 为激励矩阵：

$$H = \begin{bmatrix} 0 & 0 & 0 & \dfrac{k_2}{m_2} \end{bmatrix}^{\mathrm{T}}$$

（4）根据指标计算希望极点。根据超调量 $M_p \leqslant 25\%$，调整时间 $t_s \leqslant 2 \text{ s}$ 的要求，代入公式

$$\begin{cases} M_p = e^{-\frac{\pi\xi}{\sqrt{1-\xi^2}}} \\ t_s = \dfrac{3}{\xi W_n} \end{cases} \qquad (2-9-9)$$

可计算阻尼系数 $\xi = 0.4$，固有频率 $\omega_n = 0.375$，希望主导极点为

$$s_{1,2} = -\xi\omega_n \pm j\omega_n\sqrt{1-\xi^2} = -1.5 \pm 3.43j$$

选择另外两个非主导极点在负实轴上，远离虚轴让共轭主导极点起作用，取主导极点实数的 8 和 10 倍为主导极点，即 $p_1 = -12$，$p_2 = -15$，则希望极点为

$$p = (-12, \quad -15, \quad -1.5+3.43j, \quad -1.5-3.43j)$$

（5）程序命令：

```
m1 = 30000000;m2 = 640000;k1 = 4800000;c = 20000;k2 = 48000000;
A = [0 1 0 0; - k1/m1  - c/m1 k1/m1 c/m1;0 0 0 1;k1/m2 c/m2  - (k1 + k2)/m2
   - c/m2];
```

```
B = [0;1/m1;0; -1/m2];
C = [1 0 0 0]; D = 0;
H = [0;0;0;k2/m2];
W = 0.2;
Nctr = rank(ctrb(A,B));          %求可控矩阵的秩
n = length(A);                   %求状态矩阵维数
if n == Nctr                     %判断系统可控矩阵是否满秩
disp('该系统是可控的')
p = [ -12, -15, -1.5 + 3.43j, -1.5 - 3.43j];
K = acker(A,B,p);    %计算状态增益阵 K
 else
message('系统不满秩,不满足
 能控条件,不能通过状态反馈极点配置')
    end
    A1 = A - B*K;
 [num,den] = ss2tf(A1,H,C,D)
 L = polyval(den,0)/polyval(num,0)
%需要引入常数 1/L 进行变换
  step(A1,L*H*W,C,D);
%画阶跃响应曲线
```

极点配置后的悬挂系统二阶系统阶跃响应曲线如图 2.9.9 所示。

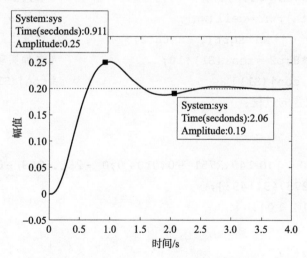

图 2.9.9　悬挂系统二阶系统阶跃响应曲线

(6) 结果及分析。

输出:系统可控, $K = [4.44e8 \quad 1.97e08 \quad -3.24e07 \quad 9.22e06]$。

通过极点配置方法,状态反馈系统采用主动控制后,主动控制力 u 能够跟随状态变量 X

的值很快作出变化，并有效地控制车体振动，从而使系统的最大超调量为 25%，调整时间在误差 5% 的情况下为 2.07 s，达到了系统所要求的性能指标。

【例 2 - 9 - 5】 根据第 1 章 1.5.6 节建立的倒立摆的传递函数模型，使用极点配置方法进行倒立摆的控制，要求超调量小于 25%，问题时间小于等于 2 s。绘制配置前后的阶跃响应曲线并进行对比。

$$A = \begin{bmatrix} 0 & 0 & 1 & 0 \\ 0 & 0 & 0 & 1 \\ 0 & 149.275\,1 & -0.010\,4 & 0 \\ 0 & -261.609\,1 & -0.010\,3 & 0 \end{bmatrix}$$

$$B = \begin{bmatrix} 0 \\ 0 \\ 49.727\,5 \\ 49.149\,3 \end{bmatrix}$$

$$C = \begin{bmatrix} 1 & 0 & 0 & 0 \\ 0 & 1 & 0 & 0 \end{bmatrix}, \quad D = \begin{bmatrix} 0 \\ 0 \end{bmatrix}$$

确定希望极点：

根据式（2 - 9 - 7）和式（2 - 9 - 9）计算希望极点，参照实验八根轨迹设计中计算希望极点的方法，添加主导极点实部的 8 和 10 倍为负实轴的两个极点，则希望极点编程代码为：

```
Mp = 0.25;ts = 2;
zata = sqrt((log(Mp))^2/(pi^2 + (log(Mp))^2))    %计算阻尼比 ζ
zata = round(zata + 0.05,1);                      %取大阻尼的 0.05
wn = 4/(ts*zata);wn = ceil(wn);                   %计算 ωn 的值
S1 = -zata*wn + j*wn*sqrt(1 - zata^2);            %计算主导极点
p1 = real(S1)*8;p2 = real(S1)*10;                 %添加实轴两个系统极点
p = [p1,p2,S1,conj(S1)]                           %conj(S1)求 S1 的共轭复数
```

完整实现极点配置的过程：

命令程序：

```
clc:
A = [0 0 1 0;0 0 0 1;0 149.2751 -0.0104 0;0 -261.6069 -0.0103 0];
B = [0;0;49.7275;49.1493];
C = [1 0 0 0;;0 1 0 0];
D = [0;0];
G1 = ss(A,B,C,D);
t = 0:0.01:100;
figure(1);step(G1)
Nctr = rank(ctrb(A,B));    %求可控矩阵的秩
n = length(A);             %求状态矩阵维数
if n == Nctr               %判断系统可控矩阵是否满秩
```

```
disp('该系统是可控的')
Mp=0.25;ts=2;
zata=sqrt((log(Mp))^2/(pi^2+(log(Mp))^2))      %由式(2-9-8)计算阻尼比ζ
zata=round(zata+0.05,1);
wn=4/(ts*zata);wn=ceil(wn);                     %由式(2-9-6)计算ωn的值
S1=-zata*wn+j*wn*sqrt(1-zata^2);
p1=real(S1)*8;p2=real(S1)*10;
p=[p1,p2,S1,conj(S1)]
K=acker(A,B,p);         %计算状态增益矩阵K
    A1=A-B*K;
    [num,den]=ss2tf(A1,B,C,D)
L=polyval(den,0)/polyval(num(1,:),0)
B1=L.*B
G2=ss(A1,B1,C,D);
t=0:0.01:10;
figure(2);step(G2,t)
  else
    message('系统不满秩,不满足能控条件,不能通过状态反馈极点配置')
end
```

未加入极点配置的仿真结果如图 2.9.10 所示。

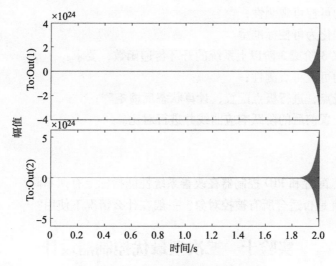

图 2.9.10　未加入极点配置的仿真结果

加入极点配置的仿真结果如图 2.9.11 所示。

结论：加入极点配置后达到了系统稳定，且有较好的稳定指标。

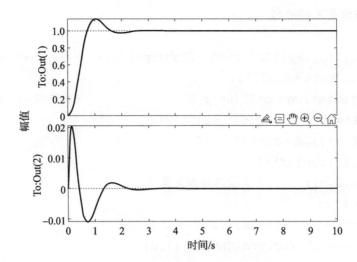

图 2.9.11　加入极点配置的仿真结果

三、实验内容与要求

（1）已知被控对象状态方程参数

$$A = \begin{bmatrix} -2 & 2 & -1 \\ 0 & -2 & 0 \\ 1 & -4 & 0 \end{bmatrix}, \ B = \begin{bmatrix} 0 \\ 1 \\ 1 \end{bmatrix}, \ C = \begin{bmatrix} 0 & 1 & 0 \end{bmatrix}, \ D = 0$$

要求：

①判断系统的可控可观测性；

②将状态方程化为可控标准型。

（2）自行定义 3 阶或 3 阶以上系统的开环传递函数，要求：

①判断系统的可控可观测性；

②给定希望极点，进行极点配置，计算状态反馈矩阵；

③画出极点配置前后的阶跃响应曲线并进行对比。

四、思考题

（1）使用极点配置和 PID 控制器在改善系统性能指标上有何不同？

（2）极点配置是否适合所有被控对象？一般在什么情况下使用？

实验十　二次型最优控制器设计

一、实验目的

（1）理解最优控制，并能利用状态空间形式给出的线性系统，设计状态和控制输入的二次型目标函数，在线性系统约束条件下选择控制输入，使得二次型目标函数达到最小的方法。

（2）掌握在基于状态空间技术下设计一个最优动态控制器达到给定性能指标的方法步骤。

二、实验案例及说明

1. 什么是最优控制

对于线性系统，选取系统状态和控制输入二次型函数的积分，作为性能指标函数的最优控制方法，称为线性二次型最优控制。最优控制是现代控制理论的核心。它是在一定条件下，在完成所要求的控制任务时，使系统的某种性能指标具有最优值。根据系统不同的用途，可提出各种不同的性能指标。最优控制的设计，就是选择最优控制，以使某一种性能指标为最小。线性二次型最优控制设计是基于状态空间技术来设计一个优化的动态控制器。利用状态空间形式给出的线性系统，在其约束条件下选择控制输入使二次型目标函数达到最小。

线性二次型最优控制一般包括两个方面：①线性二次型最优控制问题（LQ 问题），具有状态反馈的线性最优控制系统；②线性二次型 Gauss 最优控制问题，一般是针对具体系统噪声和量测噪声的系统，用卡尔曼滤波器观测系统状态。

2. 二次型最优控制函数

命令格式：

语法：[K,P,E]=lqr(A,B,Q,R)　　%连续系统最优二次型调节器设计

其中，A 为系统的状态矩阵；B 为系统的输出矩阵；Q 为性能指标函数对于状态量的权阵，为对角阵，元素越大则该变量在性能函数中越重要，Q 值越大，系统的抗干扰能力越强，且调整设计越短。R 阵为控制量的权重，也为对角阵，对应元素越大，则控制约束越大。Q 为给定的半正定实对称常数矩阵；R 为给定的正定实对称常数矩阵；一般将 R 固定后（单输入时 $R = 1$）再改变 Q，可经过仿真比较后选择 Q 值，Q 值不唯一。K 为最优反馈增益矩阵；P 为对应 Riccati 方程的唯一正定解。

（若矩阵 $A - BK$ 是稳定矩阵，则总有正定解 P 存在）；E 为矩阵 $A - BK$ 的闭环特征值。

【例 2 – 10 – 1】　已知系统状态空间模型为：$\dot{x} = Ax(t) + Bu(t)$，$y = Cx(t) + Du(t)$

$$A = \begin{bmatrix} 0 & 1 & 0 \\ 0 & 0 & 1 \\ -3 & 1 & -2 \end{bmatrix}, \ B = \begin{bmatrix} 0 \\ 0 \\ 1 \end{bmatrix}, \ C = [1 \ \ 0 \ \ 0], \ D = 0$$

（1）求最优二次型控制器增益矩阵；

（2）绘制闭环系统进行控制前后单位阶跃响应并进行对比。

令：$R = 1$，Q 为单位矩阵，即 $Q = \begin{bmatrix} 1 & 0 & 0 \\ 0 & 1 & 0 \\ 0 & 0 & 1 \end{bmatrix}$。

命令程序：

```
A = [0 1 0;0 0 1;-3 1 -2];
B = [0;0;1];C = [1 0 0];D = 0;
Q = eye(3); R = 2; [K,P,E] = lqr(A,B,Q,R);K1 = K(1);
Ac = (A - B*K);Bc = B*K1; G0 = ss(A,B,C,D);G1 = ss(Ac,B,C,D);
```

```
[num,den]=tfdata(G1,'v'); %求分子和分母
 KL=polyval(den,0)/polyval(num,0)
 [A,B,C,D]=tf2ss(num,den); B1=KL.*B; G2=ss(A,B1,C,D)
figure(1);step(G0);figure(2);step(G2);
```

结果：

K = 0.0822 4.4810 1.6691

控制前后的阶跃响应曲线如图 2.10.1 所示。

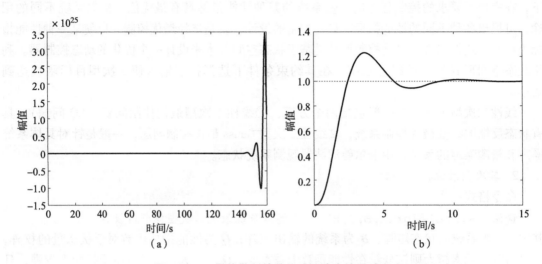

图 2.10.1 最优控制的单位阶跃响应结果对比

（a）控制前系统的单位阶跃响应；（b）控制后系统的单位阶跃响应

结论：经最优状态反馈后的阶跃响应曲线有较小的超调量和稳态时间，体现了最优控制的结果。

【例 2 – 10 – 2】 已知倒立摆对象的状态空间模型为

$$A = \begin{bmatrix} 0 & 1 & 1 & 0 \\ 0 & -0.2 & 2.7 & 0 \\ 0 & 0 & 0 & 1 \\ 0 & -0.45 & 1.2 & 0 \end{bmatrix}, \quad B = \begin{bmatrix} 0 \\ 2 \\ 0 \\ 4.5 \end{bmatrix}, \quad C = \begin{bmatrix} 1 & 0 & 0 & 0 \\ 0 & 0 & 1 & 0 \end{bmatrix}, \quad D = 0$$

设计最优二次型求解反馈矩阵 K 使得倒立摆稳定，选择不同的 Q 性能指标函数，使倒立摆具有较好的响应速度。

分析：

取 $R = 1$，分别取 $Q = \text{diag}([1\ 0\ 1\ 0])$ 和 $Q = \text{diag}([100\ 0\ 10\ 0])$ 进行对比。

程序命令：

```
A=[0 1 0 0;0 -0.2 2.7 0;0 0 0 1;0 -0.45 31.2 0];
B=[0;2;0;4.5];C=[1 0 0 0;0 0 1 0];D=0;
G0=ss(A,B,C,D);
R=1;Q=diag([1 0 1 0]);Q1=diag([100 0 10 0]);
[K,P,E]=lqr(A,B,Q,R);[K1,P1,E1]=lqr(A,B,Q1,R);
```

```
Ac = (A - B * K); Ac1 = (A - B * K1);
G1 = ss (Ac, B, C, D); G2 = ss (Ac1, B, C, D);
figure (1); step (G0); figure (2); step (G1);
```

结果：

```
K = -1.0000  -1.5872  19.2257  3.5505
K1 = -10.0000  -7.4206  36.8492  7.0489
```

控制前的阶跃响应曲线如图 2.10.2 所示，控制后的阶跃响应曲线如图 2.10.3 所示。可以看出，未加控制前系统是不稳定的，Q 函数元素值增大，系统响应速度提高。

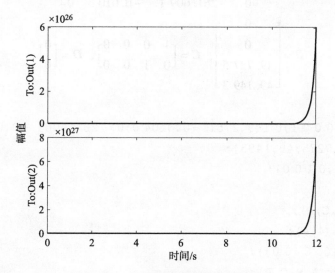

图 2.10.2　未加控制的单位阶跃响应

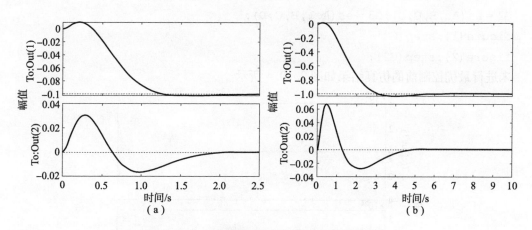

图 2.10.3　最优控制的单位阶跃响应结果对比

（a）选择初始 Q 的单位阶跃响应；（b）改变 Q 函数的单位阶跃响应

【例 2 – 10 – 3】　根据第 1 章 1.5.6 节建立的 Quanser 倒立摆状态空间模型，根据给定的加权矩阵 Q 阵及 R，求最优二次型控制器增益矩阵，并绘制闭环系统进行控制前后单位阶跃响应曲线。

令 $R=1$，Q 为单位矩阵，即 $Q = \begin{bmatrix} 1 & 0 & 0 & 0 \\ 0 & 1 & 0 & 0 \\ 0 & 0 & 1 & 0 \\ 0 & 0 & 0 & 1 \end{bmatrix}$。

已知 Quanser 的倒立摆模型：

$$A = \begin{bmatrix} 0 & 0 & 1 & 0 \\ 0 & 0 & 0 & 1 \\ 0 & 149.275\,1 & -0.010\,4 & 0 \\ 0 & -261.609\,1 & -0.010\,3 & 0 \end{bmatrix}$$

$$B = \begin{bmatrix} 0 \\ 0 \\ 49.727\,5 \\ 49.149\,3 \end{bmatrix}, \quad C = \begin{bmatrix} 1 & 0 & 0 & 0 \\ 0 & 1 & 0 & 0 \end{bmatrix}, \quad D = \begin{bmatrix} 0 \\ 0 \end{bmatrix}$$

程序命令：

```
A = [0 0 1 0;0 0 0 1;0 149.2751 -0.0104 0;0 -261.6069 -0.0103 0];
B = [0;0;49.7275;49.1493];
C = [1 0 0 0;;0 1 0 0];
D = [0;0];
G0 = ss(A,B,C,D);
R = 1;Q = eye(4,4);
Q1 = diag([100 0 10 0]);
[K,P,E] = lqr(A,B,Q,R);
Ac = (A - B*K);
G2 = ss(Ac,B,C,D);G3 = ss(Ac1,B,C,D);
figure(1);step(G0);
figure(2);step(G2);
```

未进行最优控制前的仿真结果如图 2.10.4 所示。

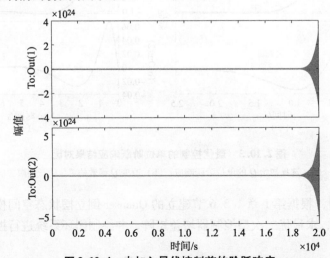

图 2.10.4　未加入最优控制前的阶跃响应

加入最优控制后的仿真结果如图 2.10.5 所示。

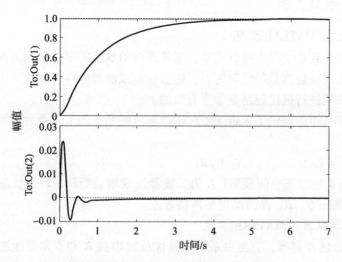

图 2.10.5　加入最优控制后的阶跃响应

结论：加入最优控制前，系统是不稳定的；加入最优控制后，得到了较好的稳定效果。

三、实验内容与要求

已知被控对象状态方程参数如下，判断系统的可控可观测性：

$$A = \begin{bmatrix} -2 & 2 & -1 \\ 0 & -2 & 0 \\ 1 & -4 & 0 \end{bmatrix}, \; B = \begin{bmatrix} 0 \\ 1 \\ 1 \end{bmatrix}, \; C = [0 \quad 1 \quad 0], \; D = 0$$

（1）采用输入反馈，系统的性能指标为：$R = 1$，$Q = \mathrm{diag}([1\ 1\ 1])$，设计 LQR 最优控制器，计算最优状态反馈矩阵 $K = [k_1, \; k_2, \; k_3]$，并对闭环系统进行单位阶跃仿真。

（2）总结实验的知识点并写出操作体会。

四、思考题

（1）二次型最优控制有何特点？是否适合所有被控对象？

（2）改变系统动态性能使用二次型设计与极点配置有什么区别？

实验十一　使用卡尔曼滤波器设计 LQR 最优控制器

一、实验目的

（1）理解最优反馈增益 K 和卡尔曼滤波器的构成。

（2）掌握对于给定系统的噪声协方差 Q、R、N 函数，使用卡尔曼滤波器设计反馈增益、状态估计误差的协方差的方法。

（3）掌握优化系统性能指标和设计 LQG 最优控制器的方法步骤。

二、实验案例及说明

1. 卡尔曼滤波器 MATLAB 实现

在实际应用中，若系统存在随机扰动，通常系统的状态需要由状态方程卡尔曼滤波器的形式给出。卡尔曼滤波器就是最优观测器，能够抑制或滤掉噪声对系统的干扰和影响。利用卡尔曼滤波器对系统进行最优控制是非常有效的。

MATLAB 的工具箱中提供了 Kalman( ) 函数来求解系统的卡尔曼滤波器。

命令格式：

```
[kest,L,P] = kalman(sys,Q,R,N)
```

其中，kest 为滤波器的状态空间模型；L 为滤波器反馈增益矩阵；P 为状态估计误差的协方差；sys 为给定系统；Q，R，N 为给定噪声协方差。

2. LQG 最优控制器的 MATLAB 实现

（1）LQG 为最优控制器，它是由系统的最优反馈增益 K 和卡尔曼滤波器构成的，在系统最优反馈 K 和卡尔曼滤波器设计已经完成的情况下，可借助 MATLAB 工具箱函数 reg( ) 实现 LQG 最优控制。

命令格式：

```
[A,B,C,D]= reg(sys,K,L)
```

其中，sys 为系统状态空间模型；K 为用函数 lqr( ) 等设计的最优反馈增益；L 为滤波器反馈增益；$[A，B，C，D]$ 为 LQG 调节器的状态空间模型。

（2）基于全维状态观测器的调节器。控制系统工具箱中的函数 reg( )，用来设计基于全维状态观测器的调节器。

命令格式：

```
Gc = reg(G,K,L)
```

其中，G 为受控系统的状态空间表示；K 表示状态反馈的行向量；L 表示全维状态观测器的列向量；Gc 为基于全维状态观测器的调节器的状态空间表示。

【例 2 – 11 – 1】 已知系统的状态方程为

$$\dot{x} = \begin{pmatrix} -1 & 0 & 1 \\ 1 & 0 & 0 \\ -3 & 7 & -2 \end{pmatrix} x + \begin{pmatrix} 6 \\ 1 \\ 1 \end{pmatrix} u + \begin{pmatrix} 1 \\ 0 \\ 0 \end{pmatrix} \omega, \; y = (0 \quad 0 \quad 1)x + v$$

用 $Q = 0.001$，$R = 0.1$，设计卡尔曼滤波器的增益矩阵与估计误差的协方差。

方法：

```
A = [-1,0,1;1,0,0;-3,7,-2];    B = [6,1,1]';C = [0,0,1];D = 0;
S = ss(A,B,C,D);Q = 0.001;R = 0.1;
[kest,L,P]= kalman(S,Q,R)
```

结果：

```
L = 1.0150
    1.2056
    1.8469
P = 0.0680   0.0722   0.1015
```

0.0722　0.0825　0.1206

0.1015　0.1206　0.1847

【例 2 - 11 - 2】　设系统的传递函数框图如 2.11.1 所示。

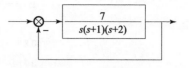

取加权矩阵 $A = \begin{bmatrix} 10 & 0 & 0 \\ 0 & 1 & 0 \\ 0 & 0 & 1 \end{bmatrix}$，$R = 1$

图 2.11.1　三阶系统框图

设有噪声矩阵 $Q_2 = 1$，$R_2 = 1$，设计卡尔曼滤波器，对系统进行 LQG 最优控制，画出校正前后的系统闭环的单位阶跃响应曲线。

命令程序：

```
p = [ -2 , -1,0];z = [];k = 7;G = zpk(z,p,k);G1 = feedback(G,1);
[a,b,c,d]= zp2ss(z,p,k);s1 = ss(a,b,c,d);
q1 = [10,0,0;0,1,0;0,0,1];r1 = 1;K = lqr(a,b,q1,r1);
%设计卡尔曼滤波器
q2 = 1;r2 = 1; [kest,L,P]= kalman(s1,q2,r2);
%LQG 校正器图
[af,bf,cf,df]= reg(a,b,c,d,K,L);
sf = ss(af,bf,cf,df); sys = feedback(G,sf);
[num,den]= tfdata(sys,'v'); %求分子和分母
KL = polyval(den,0)/polyval(num,0)   %获得增益
[A,B,C,D]= tf2ss(num,den);   B1 = KL.*B;   sys1 = ss(A,B1,C,D);
figure(1);step(G1); figure(2);step(sys1);
```

最优控制前后单位阶跃响应曲线如图 2.11.2 和图 2.11.3 所示。

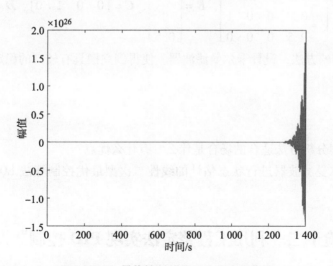

图 2.11.2　最优控制前单位阶跃响应曲线

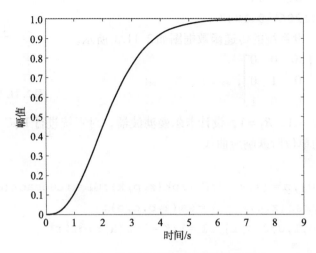

图 2.11.3   最优控制后单位阶跃响应曲线

可以看出，控制前系统不稳定是发散的，经过最优控制后，系统稳定在给定值，没有超调量，系统指标得到了很大改善。说明最优控制不仅适用于稳定系统，还适用于不稳定的系统。

三、实验内容与要求

已知倒立摆的状态空间模型为

$$A = \begin{bmatrix} 0 & 1 & 0 & 0 \\ 20.6 & 0 & 0 & 0 \\ 0 & 0 & 0 & 1 \\ -0.5 & 0 & 0 & 0 \end{bmatrix}, \ B = \begin{bmatrix} 0 \\ -1 \\ 0 \\ 0.5 \end{bmatrix}, \ C = [0 \quad 0 \quad 1 \quad 0], \ D = 0$$

采用最优控制的方法，设计卡尔曼滤波器，使得倒立摆具有较高的稳定性并有较快的反应速度。

四、思考题

（1）状态空间分析方法适合的场合是什么？有什么优点？

（2）采用卡尔曼滤波器进行状态估计的线性二次型最优控制算法 LQG 有什么优越性？常用在哪些场合？

实验十二   利用工程整定法实现 PID 控制器设计

一、实验目的

（1）了解工程整定法求 PID 参数的 5 种方法。

（2）掌握通过观察闭环系统的阶跃响应曲线，确定一组控制性能指标（超调量、稳态时间、上升时间、稳态误差等）最优控制参数的步骤。

二、实验案例及说明

工程上使用实验方法和经验方法来整定 PID 的调节参数，称为 PID 参数的工程整定方法。该方法是根据经典理论加上长期的工作经验得到的，最大的优点在于整定参数不必依赖被控对象的数学模型。方法简单易行，适于现场的实时控制应用。工程整定法求 PID 参数中最常见的 5 种方法为：核定边界法、4∶1 衰减比例法、10∶1 衰减比例法、科恩 – 库恩法、动态响应参数法。

其中，5 种整定方法的计算公式和说明见第 3 章实验四。本实验借助 MATLAB 的 GUI 函数设计了 PID 工程整定法整定界面，使得求取相应的 PID 参数更为便捷，初始界面如图 2.12.1 所示。

图 2.12.1　5 种工程整定 PID 方法选择界面

【例 2 – 12 – 1】　使用工程整定的临界比例度法对三阶系统进行 PID 参数整定。

$$G(s) = \frac{1}{(5s+1)(2s+1)(10s+1)} = \frac{1}{100s^3 + 80s^2 + 17s + 1}$$

步骤：

（1）选择右下角的"临界比例度法"，单击"开始搜索"按钮，出现等幅振荡曲线，自动求得系统在纯比例控制下临界稳定时的 $K_p = 12.6$，振荡周期 $T_{cr} = 15.24 \text{ s}$，如图 2.12.2 所示。

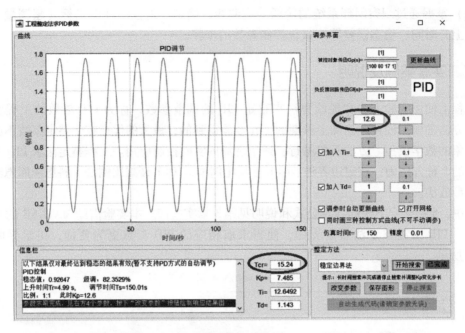

图 2.12.2　临界比例度法获取曲线及参数

（2）根据得到的 K_p 和 T_{cr}，自动计算 PID 参数，并在信息栏右方显示了相应的参数值，单击"改变参数"按钮得到控制效果曲线，如图 2.12.3 所示。

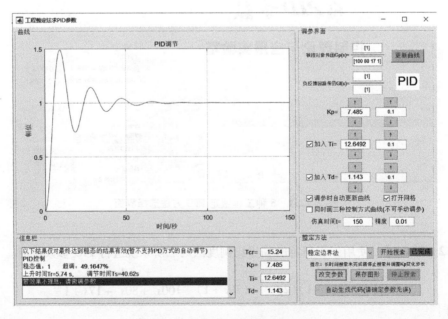

图 2.12.3　临界比例度法控制效果

（3）此时，根据曲线及信息栏的超调量等动态特性参数，手动微调 $T_d = 3$，其他不变，得到曲线如图 2.12.4 所示。

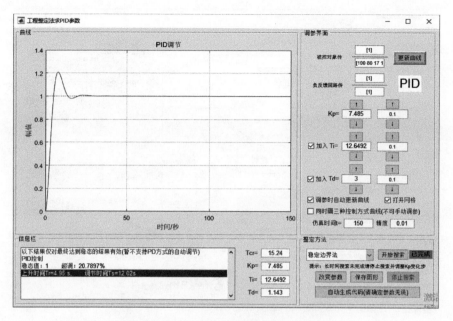

图 2.12.4　微调后临界比例度法控制效果

（4）单击"保存图形"按钮，自动保存文件名为"临界比例度法 PID 控制阶跃响应曲线"，如图 2.12.5 所示。

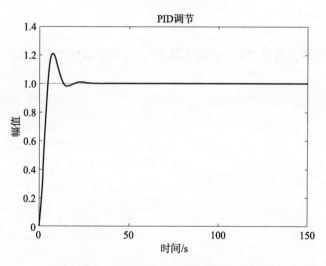

图 2.12.5　临界比例度法控制效果保存结果

（5）勾选"同时画三种控制方式曲线"，按照 P、PI 和 PID 三种控制的算法公式进行计算，并将三种控制效果阶跃响应曲线同时显示，结果如图 2.12.6 所示。

（6）每种控制方式所对应的相关动态特性均在左下角信息栏中显示。拖动信息窗口滚动条，可以查看得到的 PID 控制参数为：

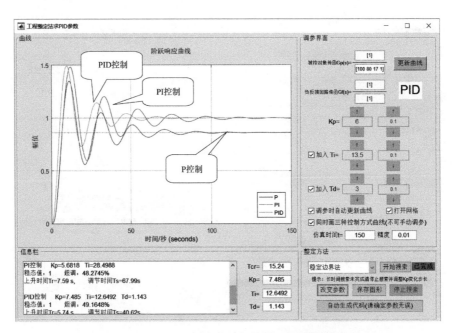

图 2.12.6 P、PI、PID 三种临界比例度法控制效果

P 控制：$K_p = 6.25$；PI 控制：$K_p = 5.6818$，$T_i = 28.4988$；PID 控制：$K_p = 7.485$，$T_i = 12.6492$，$T_d = 1.143$。

【例 2 – 12 – 2】 使用工程整定的 4∶1 和 10∶1 衰减曲线法对【例 2 – 11 – 1】中被控对象进行 PID 参数整定。

步骤：

（1）按照上例步骤，选择 "4∶1 衰减比例法"，自动获取的参数及曲线如图 2.12.7 所示。

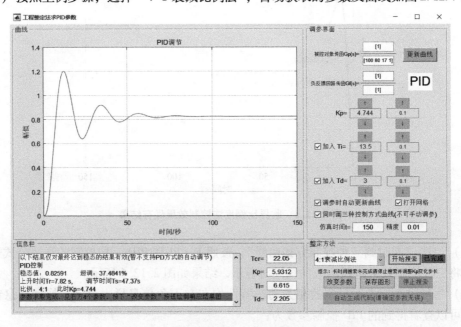

图 2.12.7 4∶1 衰减曲线法控制参数及曲线

（2）根据图 2.11.7 所示的 4:1 衰减曲线，获得 $K_p = 4.744$，振荡周期 $T_{cr} = 22.05$ s，勾选"同时画三种控制方式曲线"，则按照 4:1 的 P、PI 和 PID 三种控制的算法公式进行计算，并将三种控制效果阶跃响应曲线同时显示，结果如图 2.12.8 所示。

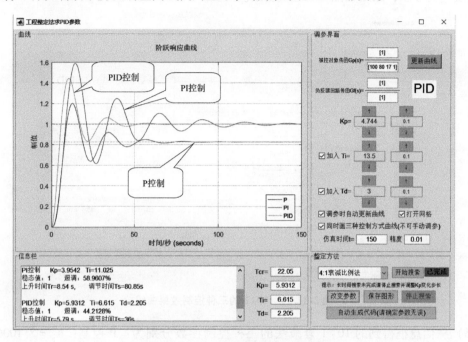

图 2.12.8　4:1 的三种控制效果曲线

（3）此时从左下角信息框得到 4:1 衰减法的 PID 参数分别为：

P 控制：$K_p = 4.745$；PI 控制：$K_p = 3.9542$，$T_i = 11.025$；PID 控制：$K_p = 5.9312$，$T_i = 6.615$，$T_d = 2.205$。

（4）选择 10:1 衰减比例法得到的控制效果如图 2.12.9 所示。

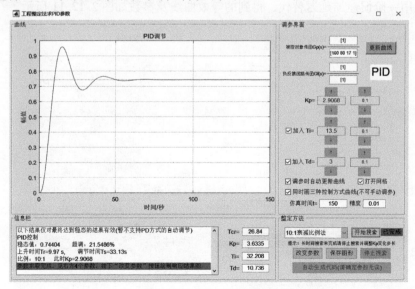

图 2.12.9　10:1 控制效果

（5）根据图 2.12.9 所示的 10:1 衰减曲线获得的 K_p 和 T_{cr}，勾选"同时画三种控制方式曲线"，则按照 10:1 的 P、PI 和 PID 三种控制的算法公式进行计算，并将三种控制效果阶跃响应曲线同时显示，结果如图 2.12.10 所示。

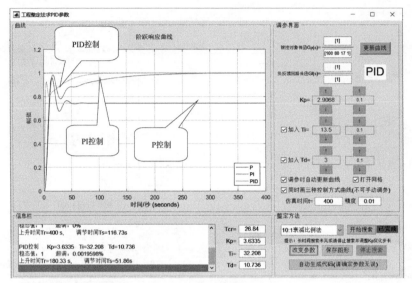

图 2.12.10　10:1 的三种控制效果曲线

（6）从信息框得到的 10:1 衰减法的三种控制参数分别为：P 控制：$K_p = 2.10068$；PI 控制：$K_p = 2.4223$，$T_i = 53.68$；PID 控制：$K_p = 3.6335$，$T_i = 32.208$，$T_d = 10.736$。

【例 2-12-3】　使用工程整定的"科恩-库恩法"和"动态响应参数法"对【例 2-11-1】中被控对象进行 PID 参数整定。

步骤：

（1）选择"科恩-库恩法"，在信息栏右端显示 Tcr 的文本框开始显示 τ/T 的值，用于将三阶系统用一阶惯性加延迟替代，得到的等效曲线及参数如图 2.12.11 所示。

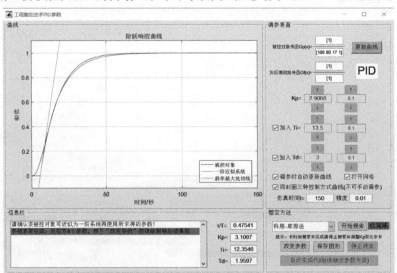

图 2.12.11　等效一阶系统的效果曲线

（2）根据一阶近似系统与原系统接近的曲线，获得 T 和 τ 的值，代入科恩 – 库恩公式（见第 3 章实验四），勾选"同时画三种控制方式曲线"，使用科恩 – 库恩法的 P、PI、PID 三种控制效果曲线如图 2.12.12 所示。

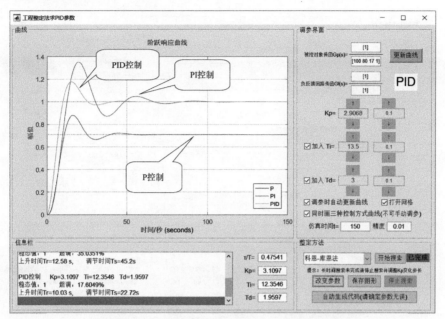

图 2.12.12　科恩 – 库恩法的三种控制效果曲线

（3）从信息框得到科恩 – 库恩法的三种控制参数分别为：P 控制：$K_p = 2.4364$；PI 控制：$K_p = 1.9751$，$T_i = 9.8447$；PID 控制：$K_p = 3.1097$，$T_i = 12.3546$，$T_d = 1.9597$。

（4）同理，根据一阶近似系统与原系统接近的曲线，获得 T 和 τ 的值，代入动态特性参数法公式表 2.12.1 或表 2.12.2。

表 2.12.1　$\tau/T < 0.2$ 时动态特性参数法控制参数

参数 方式	$1/K_p$	T_i	T_d
P 调节	K_τ/T		
PI 调节	$1.1 \times K_\tau/T$	3.3τ	
PID 调节	$0.85 \times K_\tau/T$	2.0τ	0.5τ

表 2.12.2　$0.2 \leqslant \tau/T \leqslant 1.5$ 时动态特性参数法控制参数

参数 方式	$1/K_p$	T_i	T_d
P 调节	$2.6K \times (\tau/T - 0.08)/(\tau/T + 0.7)$		
PI 调节	$2.6K \times (\tau/T - 0.08)/(\tau/T + 0.6)$	$0.8T$	
PID 调节	$2.6K \times (\tau/T - 0.15)/(\tau/T + 0.88)$	$0.81T + 0.19\tau$	$0.25T$

（5）根据该传递函数的 $\tau/T = 0.475\,41$ 值，代入表 2.11.2 即可得到 P、PI、PID 控制参数，勾选"同时画三种控制方式曲线"，使用动态特性参数法的 P、PI、PID 三种控制效果曲线如图 2.12.13 所示。

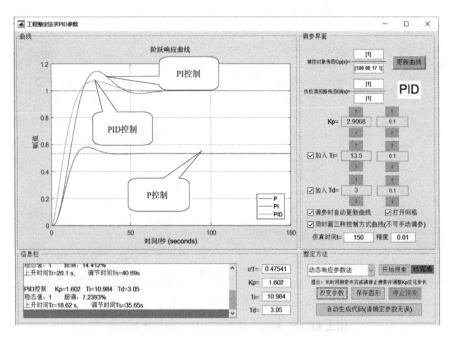

图 2.12.13　动态特性参数法的三种控制效果曲线

（6）从信息框得到的动态特性参数法的三种控制参数分别为：

P 控制：$K_p = 1.1433$；PI 控制：$K_p = 1.0461$，$T_i = 9.76$；PID 控制：$K_p = 1.602$，$T_i = 10.984$，$T_d = 3.05$。

三、实验步骤与要求

（1）自行建立一个二阶或三阶闭环传递函数，使用 step 命令画出阶跃响应曲线。

（2）键入"gczdf"打开界面。在右上角的调参模块以 num/den 的形式输入被控对象以及反馈回路的传递函数，按下"更新曲线"按钮即可在曲线显示模块获得相应的曲线，将界面曲线与（1）进行比较。

（3）在右下角"整定方法"中选择使用的工程整定法。

（4）在右侧"调参界面"中选择希望使用的控制器 P、PI、PID 类型（勾选"加入 Ti、加入 Td"），右上角的框中会实时显示。再单击"开始搜索"按钮，即可获得图形及相应的参数分别在图形框和信息栏中显示。若效果不理想，可以手动微调后再单击"更新曲线"或"改变参数"按钮。

（5）勾选"同时画三种控制方式曲线"，可以在一张图上画出 P、PI 以及 PID 的控制曲线。

说明：

（1）对于 4:1 和 10:1 衰减整定法，可自动搜索 4:1 和 10:1 衰减的 K_p 值，改变变化步长（建议不超过 1）可改变搜索的起始位置与搜索速度。

若单击"保存图形"可保存 4 种格式（fig，jpg，png，bmp）的图片文件。或单击"自动生成代码"按钮，代码将保存在本当前文件夹的"自动保存的代码"中。

（2）单击"自动生成代码"按钮，代码将保存在当前文件夹"自动保存的代码"中，它可直接运行，也可以手动微调后再生成代码的操作。单击"更新曲线"或"改变参数"按钮均会将此次的传函等参数保存于"parameter. ini"文件中（此文件可删除，不影响使用），下次打开文件时将会自动获取这些参数，并显示在界面上。

四、思考题

（1）PID 控制器有哪些工程整定方法？各有什么特点？分别用于什么场合？

（2）通过仿真结果，说明使用工程整定法有什么优缺点。

第3章

基于 Simulink 模块仿真实验

Simulink 仿真是 MATLAB 最重要的组件之一，它提供了一种可视化框图设计仿真环境，主要功能是实现动态系统建模、仿真分析与设计。利用系统提供的输入、输出、数学运算、连续、离散、非线性等模块库，不需要编程即可搭建可视化图形实验环境。其功能相当于把连续、离散、非线性等被控对象模型、多种信号源、示波器、运算器等搬到了实验室，提供了一种半实物仿真平台，方便学生随时随地完成实验，帮助他们理解课堂理论难以理解的知识点。同时，它也是一种工程领域使用十分广泛的分析工具。

实验一　典型环节与二阶系统仿真

一、实验目的

（1）掌握 MATLAB 可视化工具 Simulink 模块的使用及典型环节仿真结构图的建立方法。

（2）通过观察典型环节和二阶系统的单位阶跃曲线，理解参数的变化对系统动态性能的影响。

二、实验案例及说明

1. 构建图形仿真窗口

步骤：

（1）在 MATLAB 命令窗口中键入"Simulink"或在工具栏中单击"Simulink"按钮，打开仿真起始窗口页"Simulink Start Page"，选择"Blank Model"打开空白模型，建立新的仿真模型对象，如图 3.1.1 所示。

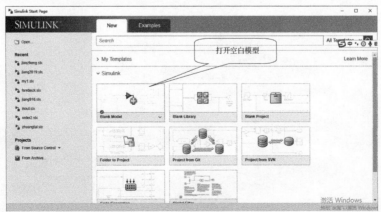

图 3.1.1　打开空白模型窗口建立新仿真

（2）在空白的仿真模型窗口工具栏上，单击模型库按钮，即可打开系统中预置的图形库，如图 3.1.2 所示。

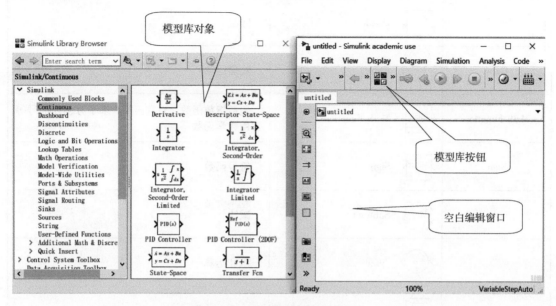

图 3.1.2　模型库及编辑模型窗口

（3）按照需求拖动左侧模块到右侧编辑窗口，即可搭建仿真模型，如图 3.1.3 所示。

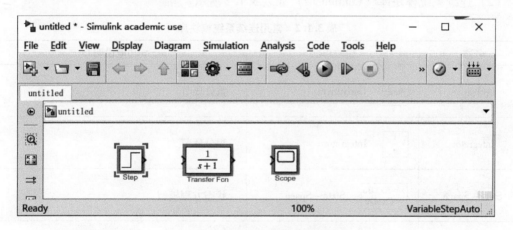

图 3.1.3　拖动仿真模块到窗口中

2. 仿真库基本模块

（1）数学模块库（Math Operations）如表 3.1.1 所示。

表 3.1.1　常用数学模块库

名称	模块形状	功能说明
Add	Add	加法

名称	模块形状		功能说明
Divide	×÷	Divide	除法
Gain	1	Gain	比例运算
Math Function	e^u	Math Function	包括指数函数、对数函数、求平方、开根号等常用数学函数
Sign		Sign	符号函数
	+−	Subtract	减法
	+ +	Sum	求和运算
Sum of Elements	Σ	Sum of Elements	元素和运算

（2）连续系统模块库（Continuous）如表 3.1.2 所示。

表 3.1.2　常用连续系统模块库

名称	模块形状		功能说明
Derivative	du/dt	Derivative	微分环节
Integrator	$\frac{1}{s}$	Integrator	积分环节
State − Space	x′=Ax+Bu y=Cx+Du	State − Space	状态方程模型
Transfer Fcn	$\frac{1}{s+1}$	Transfer Fcn	传递函数模型
Transport Delay		Transport Delay	把输入信号按给定的时间做延时
Zero − Pole	$\frac{(s-1)}{s(s+1)}$	Zero − Pole	零 − 极点增益模型

（3）非线性系统模块库（Discontinuities）如表 3.1.3 所示。

表 3.1.3　非线性系统模块库

名称	模型形状	功能说明
Backlash	Backlash	间隙非线性
Coulomb & Viscous Friction	Coulomb & Viscous Friction	库仑和黏度摩擦非线性
Dead Zone	Dead Zone	死区非线性
Rate Limiter Dynamic	Rate Limiter Dynamic	动态限制信号的变化速率
Relay	Relay	滞环比较器,限制输出值在某一范围内变化
Saturation	Saturation	饱和输出,让输出超过某一值时能够饱和

(4) 离散系统模块库(Discrete)如表 3.1.4 所示。

表 3.1.4　离散系统模块库

名称	模型形状	功能说明
Difference	$\frac{z-1}{z}$　Difference	差分环节
Discrete Derivative	$\frac{K(z-1)}{Tsz}$　Discrete Derivative	离散微分环节
Discrete Filter	$\frac{0.5+0.5z^{-1}}{1}$　Discrete Filter	离散滤波器
Discrete State – Space	$x_{k+1}=Ax_n+Bu_A$ $y_k=Cx_n+Du_A$　Discrete State – Space	离散状态空间系统模型
Discrete Transfer – Fcn	$\frac{1}{z+0.5}$　Discrete Transfer Fcn	离散传递函数模型
Discrete Zero – Pole	$\frac{(z-1)}{z(z-0.5)}$　Discrete Zero – Pole	以零极点表示的离散传递函数模型
Discrete – time Integrator	$\frac{K\,Ts}{z-1}$　Discrete – Time Integrator	离散时间积分器
First – Order Hold	First – Order Hold	一阶保持器

名称	模型形状	功能说明
Zero – Order Hold	Zero – Order Hold	零阶保持器
Transfer Fcn First Order	$\dfrac{0.05\,z}{z-0.95}$ Transfer Fcn First Order	离散一阶传递函数
Transfer Fcn Lead or Lag	$\dfrac{z-0.75}{z-0.95}$ Transfer Fcn Lead or Lag	传递函数
Transfer Fcn Real Zero	$\dfrac{z-0.75}{z}$ Transfer Fcn Real Zero	离散零点传递函数

（5）输入信号源模块库（Sources）如表 3.1.5 所示。

表 3.1.5　常用输入信号源模块库

名称	模块形状	功能说明
Sine Wave	Sine Wave	正弦波信号
Chirp Signal	Chirp Signal	产生一个频率不断增大的正弦波
Clock	Clock	显示和提供仿真时间
Constant	1 Constant	常数信号，可设置数值
Step	Step	阶跃信号
From File（.mat）	untltled mat From File	从数据文件获取数据
In1	1 In1	输入信号
Pulse Generator	Pulse Generator	脉冲发生器
Ramp	Ramp	斜坡输入
Random Number	Random Number	产生正态分布的随机数
Signal Generator	Signal Generator	信号发生器，可产生正弦、方波、锯齿波及随意波

（6）接收模块库（Sinks）如表 3.1.6 所示。

表 3.1.6　常用接收模块库

名称	模块形状	功能说明
Display	Display	数字显示器
Floating Scope	Floating Scope	悬浮示波器
Out 1	1　Out 1	输出端口
Scope	Scope	示波器
Stop Simulation	STOP　Stop Simulation	仿真停止
Terminator	Terminator	连接到没有连接到的输出端
To File（.mat）	untitled.mat　To File	将输出数据写入数据文件保护
To Workspace	simout　To Workspace	将输出数据写入 MATLAB 的工作空间
XY Graph	XY Graph	显示二维图形

（7）通用模块库（Commonly Used Blocks）如表 3.1.7 所示。

表 3.1.7　通用模块库

名称	模块形状	功能说明
Bus Creator	Bus Creator	创建信号总线库
Bus Selector	Bus Selector	总线选择模块
Mux	Mux	多路信号集成一路
Demux	Demux	一路信号分解成多路
Logical Operator	AND　Logical Operator	逻辑"与"操作

3. 模块的参数和属性设置

例如：

(1) 数学模块库（Math Operations）中比例运算"Gain"的设置。

单击左窗格"Math Operations"库，拖动数学模块库比例运算（Gain）模块到编辑窗口，双击打开设置对话框，添加传递函数的分子和分母，如图 3.1.4 所示。

图 3.1.4　比例运算参数设置对话框

(2) 数学模块库（Math Operations）中求和"Sum"的设置。单击左窗格"Math Operations"库，拖动数学模块库求和运算（Sum）模块，双击打开设置对话框，默认是求和运算，也可修改为相减运算，如图 3.1.5 所示。

图 3.1.5　求和运算参数设置对话框

(3) 输入信号源模块库（Sources）中阶跃输入信号"Step"的设置。拖动输入信号源中的阶跃信号（Step）模块，单击打开参数对话框如图 3.1.6 所示。其中，Step time 为阶跃

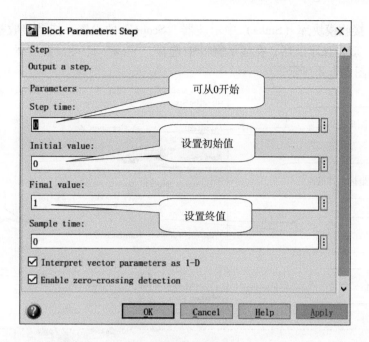

图 3.1.6 阶跃信号源参数设置对话框

信号的变化时刻，Initial value 为初始值，Final value 为终止值，Sample time 为采样时间。

（4）连续系统模块库（Continuous）中传递函数"Transfer Fcn"的设置。拖动传递函数（Transfer Fcn）模块，单击打开设置对话框，添加传递函数的分子和分母，如图 3.1.7 所示。

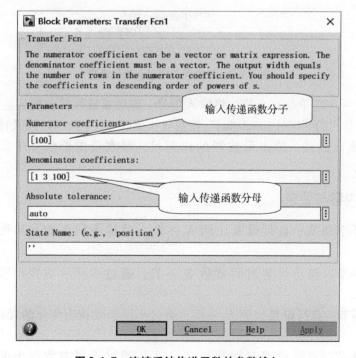

图 3.1.7 连续系统传递函数的参数输入

（5）接收模块库（Sinks）中示波器"Scope"的设置。拖动接收模块库的示波器模块（Scope），双击该示波器，在显示窗口中选择"View"即可设置背景、前景坐标轴线颜色、线型，如图3.1.8所示。

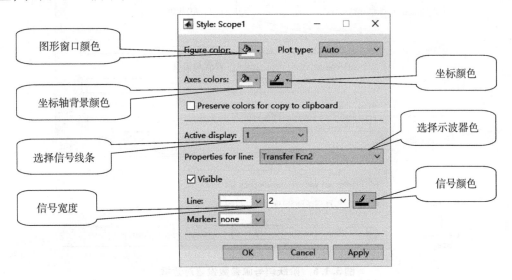

图3.1.8　设置显示器

（6）若要使用示波器显示多条曲线，可右击示波器，在弹出的快捷菜单中选择输入口"Number of Input Ports"，再单击"Signals & Ports"，选择信号的显示个数，如图3.1.9所示。

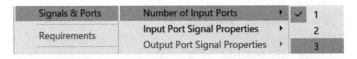

图3.1.9　示波器显示多个信号设置

（7）若搭建一个简单仿真系统，将输入信号、连续系统和接收模块连接在一起即可。方法是：单击工具栏的"Start simulation"按钮或快捷键Ctrl＋T，即可开始仿真；双击示波器，即可观测输出曲线；单击示波器的比例尺，可测量图形信号中黑点的数据，如图3.1.10所示。

三、实验内容与要求

（1）比例环节仿真：自行设置比例 $K_1 \sim K_3$，通过不同参数找出变化的规律，如图3.1.11所示。

（2）积分环节：自行设置时间常数 $T_1 \sim T_3$，通过不同参数找出变化的规律，如图3.1.12所示。

（3）微分环节：自行设置比例 $K_1 \sim K_3$，通过不同参数找出变化的规律，如图3.1.13所示。

（4）惯性环节：自行设置时间常数 $T_1 \sim T_3$，通过不同参数找出变化的规律，如图3.1.14所示。

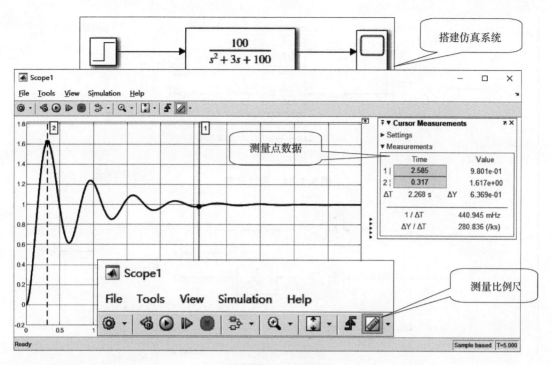

图 3.1.10　仿真结果

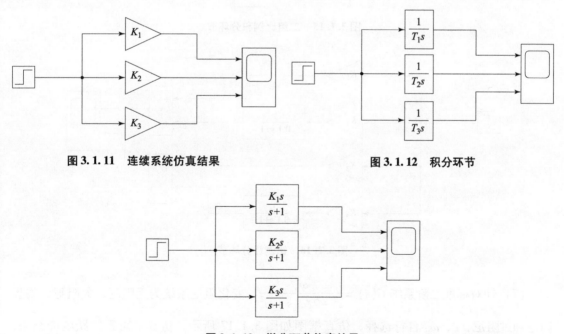

图 3.1.11　连续系统仿真结果　　　　　　**图 3.1.12　积分环节**

图 3.1.13　微分环节仿真结果

（5）比例积分环节：自行设置比例 $K_1 \sim K_4$，通过不同参数找出变化的规律，如图 3.1.15 所示。

（6）比例微分环节：自行设置比例 $K_1 \sim K_3$，通过不同参数找出变化的规律，如图 3.1.16 所示。

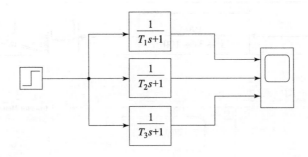

图 3.1.14　惯性环节

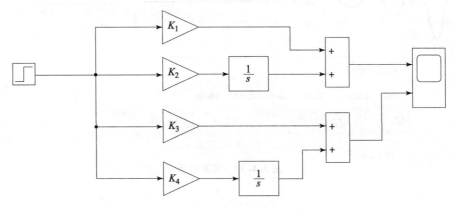

图 3.1.15　二组比例积分环节

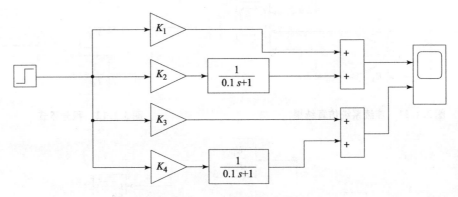

图 3.1.16　比例微分环节

（7）针对标准二阶系统 $G(s) = \dfrac{\omega_n^2}{s^2 + 2\zeta\omega_n s + \omega_n^2}$，变化阻尼系统为无阻尼、欠阻尼、临界

阻尼和过阻尼，ζ、ω_n 自行选择，仿真框图如图 3.1.17 所示，仿真二阶系统跃响应结果，找出动态特性参数超调量、峰值时间、上升时间、稳态时间和稳态误差的值。

（8）按照（7）的二阶传递函数，在欠阻尼 $0 < \zeta < 1$ 时，自行选择参数，仿真自由振荡频率不同参数对阶跃响应的影响。

要求：

（1）按照上述操作步骤，画出仿真曲线，并找出不同参数的对比。

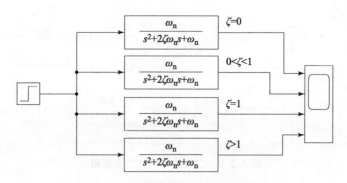

图 3.1.17　二阶系统不同阻尼比的仿真

（2）总结结论并写出实验体会。

四、思考题

（1）典型环节阶跃响应曲线中，微分环节仿真为什么使用 $\dfrac{Ks}{Ts+1}$ 替换 Ks？

（2）比例积分和比例微分曲线最主要的不同是什么？

（3）使用 Simulink 仿真二阶标准阶跃响应曲线与使用 step 函数仿真有何不同？

（4）说明二阶系统中超调量、过渡过程时间与阻尼比、自由振荡频率的关系。

实验二　串联超前、滞后校正仿真设计

一、实验目的

（1）理解针对被控对象，串联超前和滞后的意义，并比较理论计算与实验校正的区别。

（2）掌握使用超前校正、滞后校正设计校正器参数及仿真的方法。

二、实验案例及说明

例如，被控对象开环传递函数为 $G(s)=\dfrac{120}{0.6s^2+s}$ 和 $G(s)=\dfrac{120}{0.03s^2+s}$，分别使用超前校正环节 $G_c(s)=\dfrac{0.8s+1}{0.01s+1}$ 和滞后校正环节 $G_c(s)=\dfrac{0.8s+1}{3.6s+1}$ 进行仿真，比较校正前后的动态特性参数。

步骤：

（1）在命令对话框键入"simulink"命令，打开图形编辑窗口和模块库，按照第 3 章实验一的方法，拖动"Source"库的阶跃输入（Step）、"Math Operations"库的求和（Sum）、"Continue"库的传递函数（Transfer Fcn）和"Sink"库的示波器（Scope）到窗口中。

（2）根据给定被控对象传递函数和校正环节传递函数值，双击键入参数，由于是负反馈，将求和的 Sum 模块改成一个减号，示波器改成两个输入口，构建校正前后的负反馈闭环仿真框图，如图 3.2.1 所示。

（3）单击工具栏的绿色"Run"按钮，修改示波器显示颜色，其结果如图 3.2.2 所示。

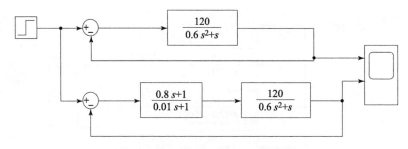

图 3.2.1　二阶闭环系统仿真框图

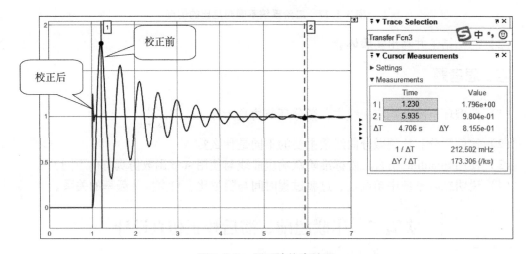

图 3.2.2　原系统仿真结果

（4）从图中观测到，校正前超调量达到 80%，在稳态误差 2% 情况下，稳态时间为 4.93 s；校正后超调量达到 27%，稳态时间为 0.1 s。由此可以看出，在系统出现超调前完成了校正，有着较好的快速性，稳态时间衰减了约 50 倍，超调量明显降低。

说明：关于添加校正环节参数的计算在第 2 章实验七中有讲解，这里不再重复。

（5）按照步骤（1）和步骤（2）建立的滞后校正前后的仿真模型如图 3.2.3 所示。

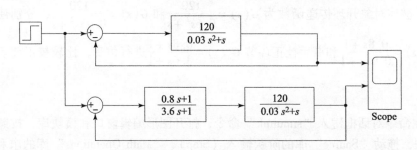

图 3.2.3　建立滞后校正前后仿真模型

（6）按照步骤（3）对滞后校正前后的仿真结果如图 3.2.4 所示。

结论：超调量达到 41.6%，稳态时间为 4 s；校正后超调量为 16%，稳态时间为 0.23 s。可见，滞后校正的稳态时间基本未变，但超调量从 41.6% 降低到 16%。

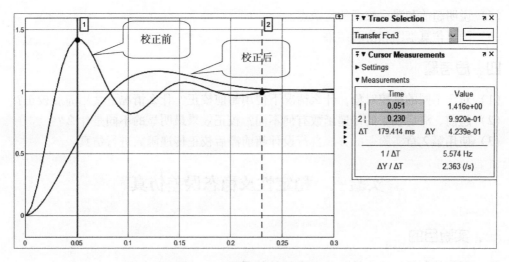

图 3. 2. 4 滞后校正前后仿真结果

三、实验内容与要求

(1) 按照案例操作步骤,设被控对象传递函数为 $G(s)$,使用超前校正控制器 $G_c(s)$,完成串联校正的仿真,其仿真框图如图 3.2.5 所示。

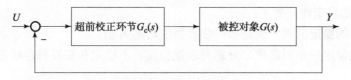

图 3. 2. 5 超前校正框图

(2) 自行建立被控对象传递函数 $G(s)$,超前校正传递函数为 $\dfrac{T_1 s + 1}{T_2 s + 1}$,分别使用试凑法和第 2 章实验七的理论计算方法设计校正参数 T_1 和 T_2 ($T_1 > T_2$),使得超调量最小、上升时间和稳态时间最短。

(3) 按照案例操作步骤,设被控对象传递函数为 $G(s)$,使用滞后校正控制器 $G_c(s)$,完成串联校正的仿真,其仿真框图如图 3.2.6 所示。

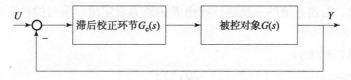

图 3. 2. 6 滞后校正框图

(4) 自行建立被控对象传递函数 $G(s)$,滞后校正传递函数为 $\dfrac{T_1 s + 1}{T_2 s + 1}$,分别使用试凑法和第 2 章实验七的理论计算方法设计校正参数 T_1 和 T_2 ($T_1 < T_2$),使得超调量最小、上升时间和稳态时间最短。

（5）说明超前和滞后校正的优缺点。

（6）画出仿真框图和仿真结果。

四、思考题

（1）对于不同的被控对象，什么情况下使用超前校正？什么情况下使用滞后校正？

（2）超前、滞后校正的传递函数有何不同？校正效果最明显的不同是什么？

（3）使用第 2 章实验七的方法自行设计超前滞后校正传递函数进行仿真。

实验三　稳定性及稳态误差仿真

一、实验目的

（1）了解控制系统稳定性与稳态误差的关系。

（2）掌握系统的开环增益对稳定性及稳态误差的影响。

（3）掌握二阶系统的 0 型、1 型和 2 型系统稳定性及稳态误差的特点。

二、实验案例及说明

【例 3 - 3 - 1】　已知被控对象为 4 阶系统，其闭环系统的框图如图 3.3.1 所示，根据 K 的变化判定系统的稳定性。要求：

（1）判定 K 的稳定范围，确定系统临界稳定时的 K 值。

（2）将 K 值设定在不同参数，分别对系统稳定、不稳定和临界稳定状态进行仿真。

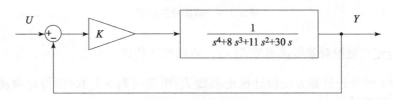

图 3.3.1　高阶系统框图

步骤：

（1）令 $K=1$，绘制系统的根轨迹，找出 K 的临界稳定值。编写的程序如下：

```
nnum = 1;
den = [1 8 11 30 0];
G0 = tf(num,den);G1 = feedback(G0,1);
rlocus(G1);
[K,p] = rlocfind(G1)
```

画出的根轨迹如图 3.3.2 所示。

单击根轨迹与虚轴的交点，在命令窗口得到的临界稳定值为：$K=26.9736$。

（2）根据临界点的值，令 $K=27$，搭建仿真框图如图 3.3.3 所示。

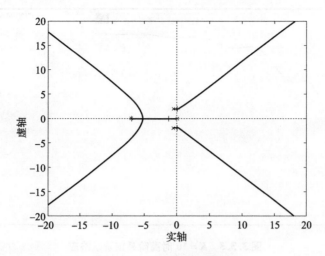

图 3.3.2　高阶系统根轨迹

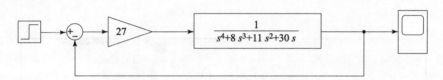

图 3.3.3　$K=27$ 时的高阶系统框图

$K=27$ 的系统仿真结果如图 3.3.4 所示。仿真结果为：临界稳定。

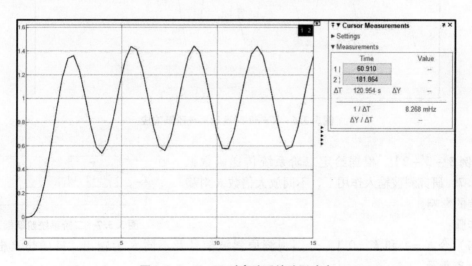

图 3.3.4　$K=27$ 时高阶系统阶跃响应

（3）令 $K=10$，系统的仿真结果如 3.3.5 所示。仿真结果为：稳定。

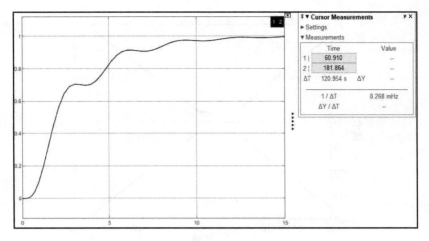

图 3.3.5 $K = 10$ 时高阶系统阶跃响应

（4）令 $K = 30$，系统的仿真结果如图 3.3.6 所示。仿真结果为：发散不稳定。

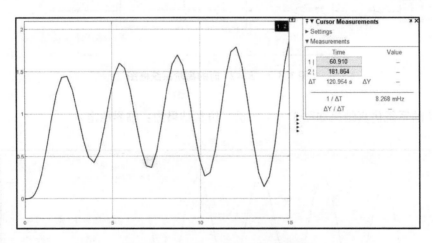

图 3.3.6 $K = 30$ 时高阶系统阶跃响应

【例 3 - 3 - 2】   根据给定二阶系统传递函数框图 3.3.7，研究斜波输入作用下，不同放大倍数 K 对稳态误差的影响。

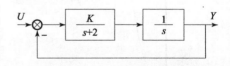

图 3.3.7   二阶系统阶跃框图

步骤：

（1）令 $K = 1$ 和 $K = 0.1$，分别观测原斜波信号及不同 K 值输出，搭建仿真框图如图 3.3.8 所示。

（2）三路信号的输出如图 3.3.9 所示。

可见，随着开环增益 K 减小，稳态误差有变大的趋势。

【例 3 - 3 - 3】   根据给定二阶系统传递函数框图 3.3.7，研究斜波输入作用下，0 型、1 型和 2 型系统的稳定性和稳态误差。

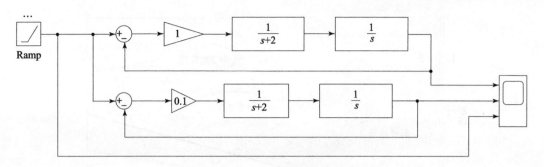

图 3.3.8　二阶系统仿真框图

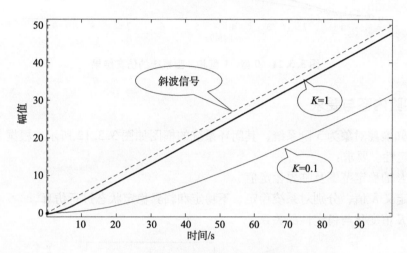

图 3.3.9　斜波信号及不同 K 值输出

（1）按照要求，搭建的 0 型、1 型和 2 型系统的仿真框图如图 3.3.10 所示。

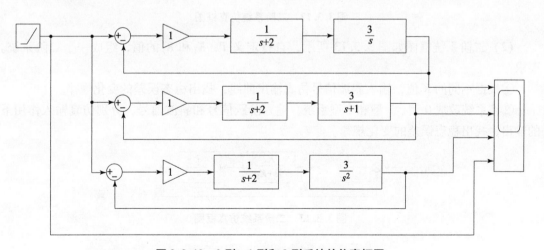

图 3.3.10　0 型、1 型和 2 型系统的仿真框图

（2）仿真结果如图 3.3.11 所示。

通过仿真看出，0 型系统有一定的稳态误差；1 型系统误差较小，适当调整 K 值可使得误差为零；2 型系统不稳定，不存在稳态误差值。

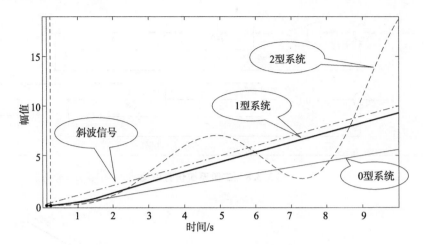

图 3.3.11　0 型、1 型和 2 型系统的仿真结果

三、实验内容与要求

（1）已知被控对象为 5 阶系统，其闭环系统的框图如图 3.3.12 所示，根据 K 的变化判定系统的稳定性。要求：

①判定 K 的稳定范围及临界稳定值。

②自行定义 K 值，分别对系统稳定、不稳定和临界稳定状态进行仿真。

③分析 K 值变化与稳定性的关系。

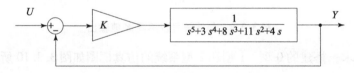

图 3.3.12　二阶系统仿真框图

（2）二阶系统框图如图 3.3.13 所示，自行定义 T、K_1 和 K_2 的值，组成一个二阶系统。要求：

①根据不同的 K 值，输入斜波信号仿真输出曲线，找出稳态误差的变化规律。

②将系统改成 0 型、1 型和 2 型系统，输入阶跃信号和斜波信号，分别仿真输入作用下的输出，找出稳态误差的变化规律。

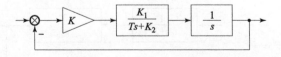

图 3.3.13　二阶系统仿真框图

四、思考题

（1）影响系统稳定性和稳态误差的因素有哪些？改变哪些参数可以改善系统的稳定性并减小问题误差？

（2）若改变参数后系统的稳定性变好但稳态误差变大，应如何处理？

实验四　PID 控制器参数设计

一、实验目的

（1）掌握 PID 控制器传递函数及各参数的控制作用。

（2）掌握工程整定法设计控制器参数仿真的方法，并分析结果的异同。

二、实验案例及说明

1. PID 控制原理

（1）P 控制：比例控制是一种最简单的控制方式。其控制器的输出与输入误差信号成比例关系。当仅有比例控制时，系统输出存在稳态误差。

（2）I 控制：在积分控制中，控制器的输出与输入误差信号的积分成正比关系。若控制系统存在稳态误差，必须引入积分项。因为积分项随着时间的增加，它推动控制器的输出增大使稳态误差进一步减小，直到等于零。常使用比例 + 积分（PI）和比例 + 积分 + 微分（PID）控制消除稳态误差。

（3）D 控制：在微分控制中，控制器的输出与输入误差的变化率成正比关系，微分对抑制误差产生超前作用，能预测误差变化的趋势，对有较大惯性或滞后的被控对象，常使用比例 + 微分（PD）控制改善系统的动态特性。

PID 控制器对象传递函数为

$$G_c(s) = K_p + \frac{K_i}{s} + K_d s = K_p \left(1 + \frac{1}{T_i s} + T_d s \right) \qquad (3-4-1)$$

式中，K_p 为比例系数；K_i 为积分系数；K_d 为微分系数；T_i 为积分时间常数；T_d 为微分时间常数。

2. PID 试凑原则

试凑法是一种凭借经验整定参数的方法，让系统闭环，改变给定值以给系统施加干扰信号，一边按 K_p—K_i—K_d 顺序调节，一边观察过渡过程，直到满意为止。其过程如下：

（1）先调 K_p 让系统闭环，使积分和微分不起作用（$K_d = 0$，$K_i = 0$），观察系统的响应，若响应快，超调小，静差满足要求，则用纯比例控制器。

（2）调 K_i，若静差太大，则加入 K_p，且同时使 K_i 略增加（如至原来的 120%，因加入积分会使系统稳定性下降，故减小 K_p），K_i 由小到大，直到满足静差要求。

（3）调 K_d，若系统动态特性不好，则加入 K_d，同时使 K_p 稍微提升一点，K_p 由小到大，直到动态满意。

【例 3-4-1】　针对三阶被控对象 $G(s) = \dfrac{85}{(s+2)(s+6)(s+9)}$，使用试凑法整定 PID 控制参数，要求：

（1）超调量小于 20%，稳态时间小于 1 s；

（2）对比 PID 控制前后参数。

步骤：

（1）根据已知的被控对象，在"Continuous"连续系统模块库中拖拽控制器"PID Controller"模块和传递函数模块，搭建 PID 控制前后的仿真模型如图 3.4.1 所示。

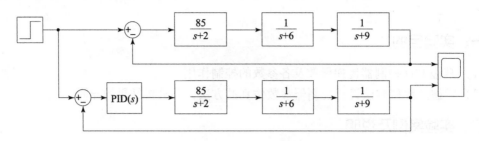

图 3.4.1　试凑 PID 校正前后仿真模型

（2）双击"PID Controller"模块修改参数，经过 PID 试凑，取 $K_p = 8$，$K_i = 26$，$K_d = 2$ 时，输出曲线满足了要求，设置控制参数如图 3.4.2 所示。

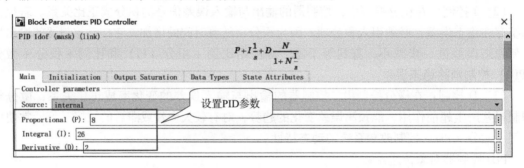

图 3.4.2　PID 控制参数设置

（3）从图 3.4.2 可以看出，系统设置的 PID 控制器模块 D 微分取了一个调整系数 N，做了一个微分值的近似，根据图 3.4.2 试凑的参数，控制结果如图 3.4.3 所示。

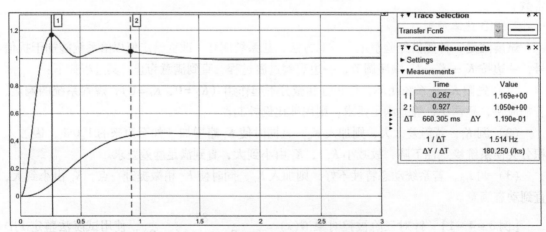

图 3.4.3　试凑 PID 校正前后仿真结果

结论：从图 3.4.3 可以看出，该被控对象在加入 PID 控制前闭环系统是稳定的，但存在 55% 的稳态误差，不能满足系统要求。加入 PID 控制后，达到了稳态误差为零，且上升时间由原来的 0.85 s 提高到 0.185 s，速度有了明显改变。

3. PID 控制器各项的作用

（1）增大比例增益 K_p 一般将加快系统的响应，并有利于减小稳态误差；但是过大的比例系数会使系统有比较大的超调，并产生振荡，使稳定性变坏。

（2）增大积分增益 K_i 有利于减小超调，减小稳态误差，但是系统稳态误差消除时间变长。

（3）增大微分增益 K_d 有利于加快系统的响应速度，使系统超调量减小，稳定性增加，但系统对扰动的抑制能力减弱。

4. 科恩 – 库恩整定法

对于一阶系统带延迟环节的系统，可以使用科恩 – 库恩整定公式实现 PID 控制参数设计，如图 3.4.4 所示。

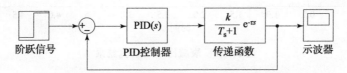

阶跃信号　　　　PID控制器　　　传递函数　　　示波器

图 3.4.4　一阶惯性加延迟的系统仿真框图

科恩 – 库恩整定公式法：利用原系统的时间常数 T、比例系统 K 可求得比例、积分、微分参数，它提供了一个参数校正的基准，然后在此基础上根据实际需要对参数进行微调以达到目的。科恩 – 库恩公式如下：

$$\begin{cases} K_p = \dfrac{1}{K}\left[1.35\left(\dfrac{\tau}{T}\right)^{-1} + 0.27\right] \\[3mm] T_i = T \times \dfrac{2.5\left(\dfrac{\tau}{T}\right) + 0.5\left(\dfrac{\tau}{T}\right)^2}{1 + 0.6\left(\dfrac{\tau}{T}\right)} \\[3mm] T_d = T \times \dfrac{0.37\left(\dfrac{\tau}{T}\right)}{1 + 0.2\left(\dfrac{\tau}{T}\right)} \end{cases} \qquad (3-4-2)$$

说明：若被控对象不满足一阶惯性加延迟的环节条件，可利用图形等效转换方法，再利用该方法计算初始值，最后进行微调即可。

5. 使用衰减曲线法整定参数

工程整定法的衰减曲线法常用有两种，一种是 4∶1，另一种是 10∶1。其方法是先把调节器置成纯比例控制（$K_i = K_d = 0$），仿真如图 3.4.5 所示。

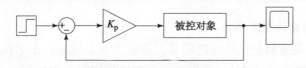

K_p　　　被控对象

图 3.4.5　构建仿真框图

再把比例系统由小变大，加扰动观察响应过程，直到响应曲线峰值出现 4∶1 过程为止（当衰减比为 4∶1 时）进行参数整定，将此时的比例系数定义为衰减比 δ_s（$1/K_s$），两波峰之间的时间定义为周期 T_s，如图 3.4.6 所示。

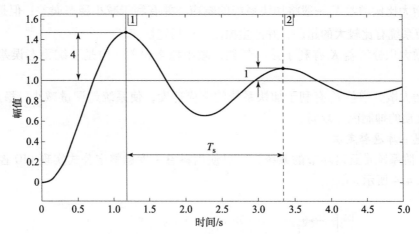

图 3.4.6　衰减比 1∶4 仿真结果

根据这两个 T_s 及设定的 K_s 值确定控制器参数如表 3.4.1 所示。

表 3.4.1　4∶1 衰减曲线法控制参数

参数 方式	$1/K_p$	T_i	T_d
P 调节	$1/K_s$		
PI 调节	$1.2/K_s$	$0.5T_s$	
PID 调节	$0.8/K_s$	$0.3T_s$	$0.1T_s$

同理，对于衰减比 10∶1，调节到响应曲线峰值出现 10∶1 过程为止，当衰减比为 10∶1 时进行参数整定，将此时的比例定义为衰减比例带 δ_r（$1/K_r$），两波峰之间的时间定义为周期 T_r，根据这两个值确定控制器参数如表 3.4.2 所示。

表 3.4.2　10∶1 衰减比控制参数

参数 方式	$1/K_p$	T_i	T_d
P 调节	$1/K_r$		
PI 调节	$1.2/K_r$	$2T_r$	
PID 调节	$0.8/K_r$	$1.2T_r$	$0.4T_r$

6. 使用临界比例度法整定参数

临界比例度法整定参数是仅加比例环节，如图 3.4.2 所示。先把积分时间打至 $T_i = \infty$，微分时间 $T_d = 0$，调节器只利用纯比例作用。在干扰作用下整定比例度，使被调参数产生振荡，调到等幅振荡为止，如图 3.4.7 所示。记下这时的临界比例度 δ_{cr} 值及临界周期 T_{cr} 值，根据表 3.4.3 计算各参数的整定值。

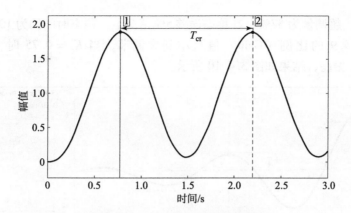

图 3.4.7　临界比例度方法仿真结果

表 3.4.3　临界比例度方法参数

方式 参数	K_p	T_i	T_d
P 调节	$2\sigma_{cr}$		
PI 调节	$2.2\sigma_{cr}$	$0.85T_{cr}$	
PID 调节	$1.67\sigma_{cr}$	$0.5T_{cr}$	$0.125T_{cr}$

例如：根据传递函数 $G(s) = \dfrac{120}{s^3 + 12s^2 + 20s + 5}$，要求使用衰减曲线法整定控制器 PID 参数。

步骤：

（1）按照开环传递框图建立仿真框图，如图 3.4.8 所示。

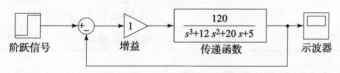

图 3.4.8　原系统仿真框图

原系统阶跃响应曲线如图 3.4.9 所示。

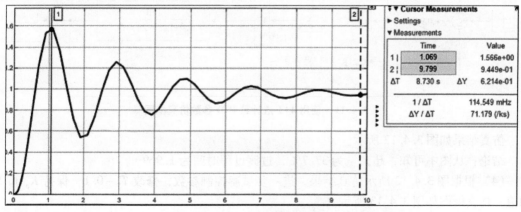

图 3.4.9　原系统仿真结果

从图中可知，超调量为 57%，在稳态误差 5% 情况下，稳态时间约为 10 s。

（2）将图 3.4.9 的比例（Gain）值从小到大调节，当 $K_p = 0.75$ 时（$\delta_s = 1/0.75 = 1.33$），出现 4∶1 振荡，结果如图 3.4.10 所示。

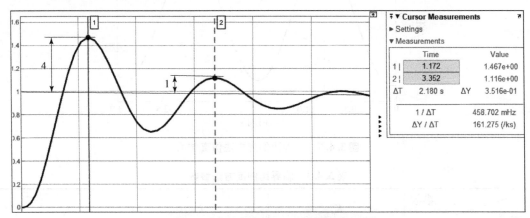

图 3.4.10　衰减比 4∶1 系统仿真结果

从图中得到第一次峰值为 0.467（1.467 − 1 = 0.467），第二次峰值为 0.116（1.116 − 1 = 0.116），两次的比值为衰减比，即 0.467/0.116 = 4.02，基本满足了 4∶1 的衰减比，$T_s = 3.352 − 1.172 = 2.18$ s，代入表 3.4.1 中，计算结果如表 3.4.4 所示。

表 3.4.4　4∶1 衰减比控制参数计算

参数 方式	$1/K_p$	T_i	T_d
P 调节	1/0.75 = 1.33		
PI 调节	1.2 × 1.33 = 1.596	0.5 × 2.18 = 1.09	
PID 调节	0.8 × 1.33 = 1.064	0.3 × 2.18 = 0.654	0.1 × 2.18 = 0.218

（3）根据表 3.4.4 中的 PID 数据，构建仿真框图，如图 3.4.11 所示。

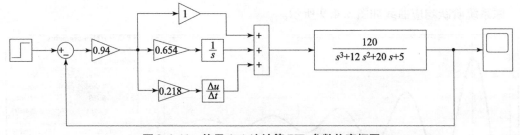

图 3.4.11　使用 4∶1 法计算 PID 参数仿真框图

仿真结果如图 3.4.12 所示。

结论：从图中可知，超调量为 37.7%，过渡过程时间为 1.969 s。

（4）根据图 3.4.12 所示仿真结果，进一步试凑控制参数，修改 $T_i − 0.1$，保持 K_p 和 T_d 的值，仿真框图如图 3.4.13 所示。

（5）根据图 3.4.8 试凑控制参数，仿真框图如图 3.4.14 所示。

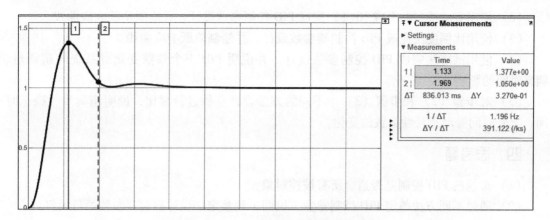

图 3.4.12　4:1 衰减法系统仿真结果

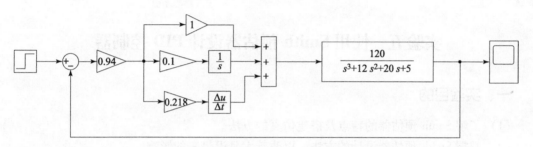

图 3.4.13　试凑法修正 PID 参数仿真框图

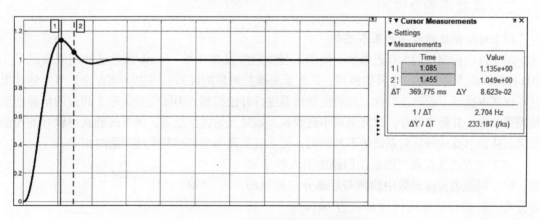

图 3.4.14　试凑控制参数的仿真结果

从图可知，PID 整定结果为：超调量为 13.5%，峰值时间为 1.085 s，稳态误差为 5% 时，稳态时间为 1.455 s。

三、实验内容与要求

（1）根据被控对象传递函数式（3 - 4 - 3），使用工程整定的方法设计控制器参数，通过仿真结果完成动态特性分析：

$$G_1(s) = \frac{1}{10s^3 + 6s^2 + 3s + 1} \tag{3 - 4 - 3}$$

（2）使用衰减法（4∶1 或 10∶1）完成 PID 控制参数设计，并绘制阶跃响应曲线。

（3）使用比例度法完成 PID 控制器参数设计，并绘制阶跃响应曲线。

（4）使用试凑法完成 PID 控制参数设计，并说明 PID 三个参数变化对系统的超调量、调整时间的影响。

（5）对步骤（2）和步骤（3）中不同的方法设计参数进行对比，说明超调量、稳态时间、上升时间等动态特性参数的变化。

四、思考题

（1）常规的 PID 控制是否适合所有被控对象？

（2）通过不同方法整定 PID 控制参数，说明工程整定法设计控制器参数的最大好处。

（3）针对某一控制对象，若使用临界比例度法整定参数效果较好，是否说明这种方法最优？

实验五　使用 Smith 预估器设计 PID 控制器

一、实验目的

（1）了解 Smith 预估器的特点及搭建仿真的方法。

（2）掌握 Smith 预估器设计的方法，以改善大延迟带来的影响。

二、实验案例及说明

1. Smith 预估器控制的基本思路

对于过程控制中的大延迟系统，使用工程整定法没有效果。Smith 预估器控制原理就是在 PID 控制回路上再并联一个补偿回路，以此抵消被控对象的纯滞后因素。该方法是预先估计出过程在基本扰动下的动态特性，然后由预估器进行补偿控制，力图使被延迟了的被调量提前反映到调节器，并使之动作，以此来减小超调量。如果预估模型准确，该方法能获得较好的控制效果，从而消除纯滞后对系统的不利影响，使系统品质与被控过程无纯滞后时相同。

其实现方法是在系统的反馈回路中引入补偿装置，将控制通道传递函数中的纯滞后部分与其他部分分离。若被控对象的传递函数为 $G_0(s)\mathrm{e}^{-\tau s}$，其中 $G_0(s)$ 为除去纯滞后部分对象的特性，控制器的传递函数为 $G_c(s)$，预估补偿器的传递函数为 $G_s(s)$，则 Smith 预估器控制原理如图 3.5.1 所示。经补偿后的等效被控对象的传递函数为：

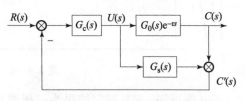

图 3.5.1　Smith 预估器控制原理

$$\frac{C'(s)}{U(s)} = G_0(s)\mathrm{e}^{\tau s} + G_s(s) \tag{3-5-1}$$

选择

$$\frac{C'(s)}{U(s)} = G_0(s)\mathrm{e}^{\tau s} + G_s(s) = G_0(s) \tag{3-5-2}$$

此即 Smith 预估器的数学模型，由此看出补偿器的作用完全补偿了被控对象纯滞后 $e^{-\tau s}$ 传递函数等效

$$\frac{C(s)}{U(s)} = \frac{G_c(s)G_0(s)}{1 + G_e(s)G_0(s)} e^{-\tau s} \qquad (3-5-3)$$

此时就可以等效为如图 3.5.2 所示。其中 Smith 预估器的数学模型为

$$G_s(s) = G_0(s)(1 - e^{-\tau s}) \qquad (3-5-4)$$

$G_0(s)$ 为不包含延迟时间下的对象模型，如图 3.5.2 所示。

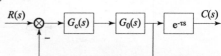

图 3.5.2　Smith 分离延迟结果

2. Smith 预估器控制仿真

根据 Smith 预估器原理，构建的仿真框图如图 3.5.3 所示。

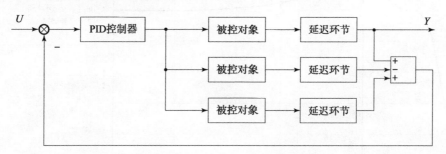

图 3.5.3　Smith 预估器仿真框图

3. 仿真案例

针对大延迟环节的系统 $G(s) = \dfrac{22}{50s+1} e^{-20s}$，先使用 PID 进行整定 PID 控制参数，再使用 Smith 预估器，要求满足指标为超调量小于 10%，稳态误差在 5% 的情况下，稳态时间小于 120 s。

步骤：

（1）根据预估器原理，详见第 2 章图 2.6.21，构建的仿真模型如图 3.5.4 所示。

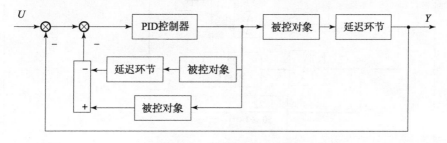

图 3.5.4　Smith 预估器仿真模型

（2）针对给定传递函数，使用动态特性参数法整定公式计算的 PID 参数（见第 2 章实验六中的【例 2-6-10】），得到控制参数 $K_p = 0.089\,51$，$T_i = 44.3$，$T_d = 12.5$，代入仿真，如图 3.5.5 所示。

（3）得到仿真曲线如图 3.5.6 所示。

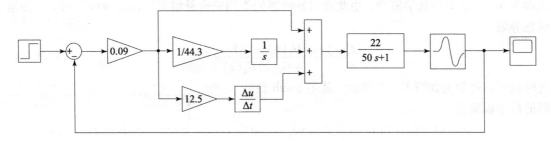

图 3.5.5　延迟环节 PID 仿真模型

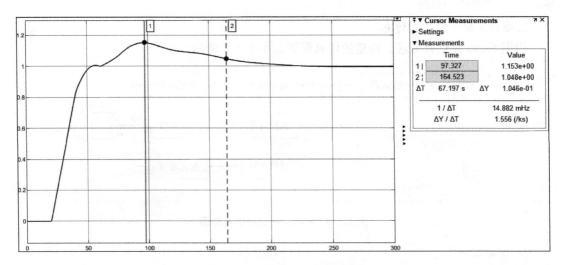

图 3.5.6　使用 PID 仿真结果

（4）在 PID 参数不变的情况下，添加 Smith 预估器构建仿真模型如图 3.5.7 所示。

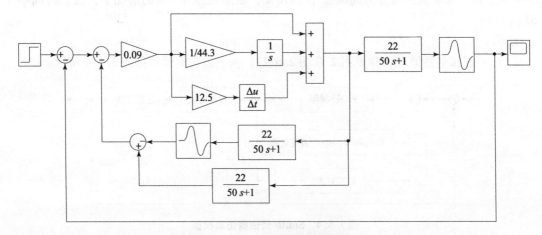

图 3.5.7　Smith 预估器仿真模型

（5）仿真结果如图 3.5.8 所示。

结论：由仿真结果看出，加入 Smith 预估器后，超调量从 15.3% 降低到 5.4%。Smith 预估器效果是明显的。

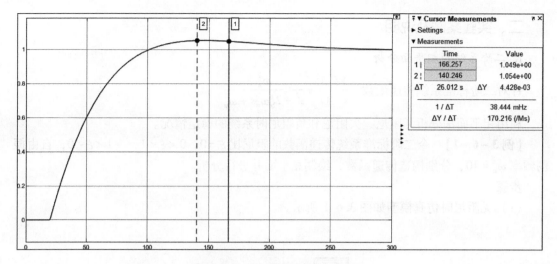

图 3.5.8　Smith 预估器仿真结果

三、实验内容与要求

（1）针对式被控对象传递函数 $G(s) = \dfrac{1}{60s+1}e^{-80s}$。要求：

①使用工程整定法确定 PID 参数并进行仿真。

②针对①中取得的 PID 控制参数，添加 Smith 预估器进行仿真。

③在②的基础上，进一步试凑 PID 参数并添加 Smith 预估器进行仿真。

④将①、②和③的结果进行对比分析。

（2）已知系统的开环传递函数为：$G(s) = \dfrac{5}{s^3+21s^2+83s}$。要求：

判断系统是否可控？若可控，设计状态反馈矩阵，在希望极点为 $p = [\,-10,\ \ -2 \pm j2\,]$ 上，求出：

①极点配置系数阵 $\boldsymbol{K}$、配置后的系统特征值 T。

②绘制加入极点配置前后的阶跃响应曲线并对比。

四、思考题

（1）Smith 预估器的特点是什么？

（2）Smith 预估器是否适合所有大延迟的被控对象？

实验六　非线性相平面分析与校正设计

一、实验目的

（1）掌握使用 Simulink 完成二阶系统相平面的分析方法。

（2）掌握使用非线性环节完成系统校正的方法及步骤。

二、实验案例及说明

1. 二阶系统的相平面分析

针对二阶标准系统传递函数：$\dfrac{Y(s)}{U(s)} = \dfrac{\omega_n^2}{s^2 + 2\zeta\omega_n s + \omega_n^2}$。

利用相平面法分析无阻尼、欠阻尼和负阻尼时系统的稳定情况。

【例3-6-1】 令二阶标准系统传递函数的阻尼比 $\xi = 0$，$0 < \xi < 1$，$-1 < \xi < 0$，自由振荡频率 $\omega_n = 10$，分别构造传递函数，绘制相平面并进行分析。

步骤：

（1）无阻尼时仿真模型如图3.6.1所示。

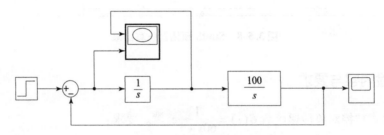

图3.6.1 无阻尼相平面仿真模型

（2）设置仿真输出模块库 Sinks 的"XY Graph"显示范围：X：$[-1\ 1]$，Y：$[-4\ 4]$，设置输入模块库 Source 的阶跃输入信号"Step Time"为0，"Final value"为3V，输出的相平面和阶跃响应曲线如图3.6.2所示。

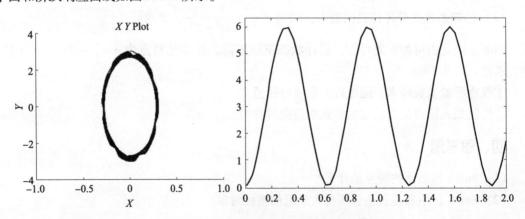

图3.6.2 无阻尼相平面及阶跃响应曲线

（3）欠阻尼时选择 $\xi = 0.15$，搭建仿真模型如图3.6.3所示。

（4）设置"XY Graph"显示范围：X：$[-1\ 1]$，Y：$[-4\ 4]$，设置输入模块库 Source 的阶跃输入信号"Step Time"为0，"Final value"为3V，输出的相平面和阶跃响应曲线如图3.6.4所示。

（5）设置负阻尼时选择 $\xi = -0.15$，搭建仿真模型如图3.6.5所示。

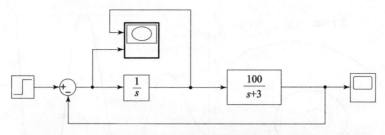

图 3.6.3　欠阻尼相平面仿真模型

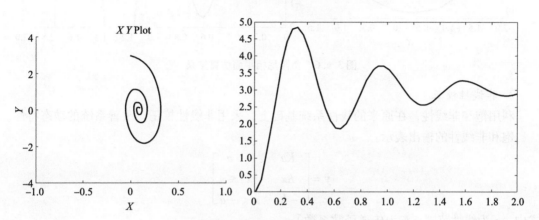

图 3.6.4　欠阻尼相平面仿真结果

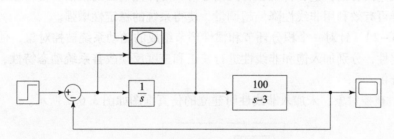

图 3.6.5　负阻尼相平面仿真模型

（6）设置输出模块库 Sinks 的 "XY Graph" 显示范围：X：$[-2\ 1.5]$，Y：$[-10\ 20]$，输入模块库 Source 的 step 属性 "Step Time" 为 0，"Final value" 为 1V，输出的相平面和阶跃响应曲线如图 3.6.6 所示。

（7）分析：

① 针对二阶标准系统传递函数，从相平面图中看到，当无阻尼时（$\xi=0$）相平面是一组同心椭圆，每个椭圆是一个简谐振动，相当于一个极限环，在时域中就是一个等幅振荡曲线。

② 欠阻尼时（$0<\xi<1$）相平面无论欠阻尼初始状态如何，它经过衰减振荡最后趋于平衡状态，坐标原点是一个奇点，周围的相轨迹是收敛于它的对数螺旋线，因此原点的奇点为稳定的焦点。

③ 负阻尼时（$-1<\xi<0$），相平面与欠阻尼时相似，也是对数螺旋线，但运动方向与欠阻尼时相反，运动过程是振荡发散的，坐标原点是一个奇点，该奇点为不稳定的焦点。

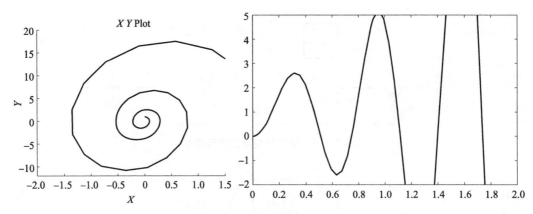

图3.6.6　负阻尼相平面仿真结果

2. 非线性校正

利用饱和非线性，在原来的线性系统基础上，采用非线性校正，改善系统的动态特性。饱和非线性的输出表示：

$$y = \begin{bmatrix} Ka & x > a \\ Kx & |x| \leq a \\ -Kx & x < -a \end{bmatrix}$$

式中，a 为线性范围；K 为传递函数系数。

由数学表达式看出，饱和特性在有大信号时，可降低输出的幅值，使得输出控制在一个范围内。这样可有效利用非线性降低超调量，使得系统的稳定性增强。

【例3-6-2】　针对一个积分环节和惯性环节组成的随动系统被控对象，使用相平面分析系统的稳定性，分别加入饱和非线性进行校正和速度反馈改善系统动态特性，并对校正前后进行对比分析。

（1）针对被控对象，未加入非线性时建立的仿真框图如图3.6.7所示。

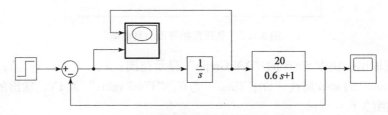

图3.6.7　二阶随动系统相平面仿真模型

（2）设置输出 Sinks 模块"XY Graph"显示范围：X：$[-0.1\ 0.2]$，Y：$[-1\ 1]$，设置输入模块库 Source 的 step 属性"Step Time"为0，"Final value"为1V，输出的相平面和阶跃响应曲线如图3.6.8所示。

从相平面看，该系统与欠阻尼的二阶系统相平面相似，它经过衰减振荡最后趋于平衡状态。但超调量比较大，需要衰减的时间长，不能满足随动系统超调量和稳态时间的要求，准备采用饱和非线性的特性进行改善系统的性能，使得达到系统给定指标。

（3）加入饱和非线性搭建的仿真模型如图3.6.9所示。

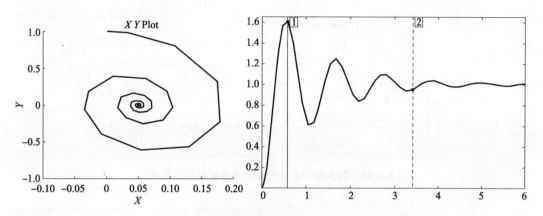

图 3.6.8　二阶随动系统相平面及阶跃响应曲线

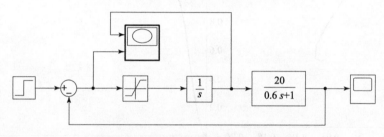

图 3.6.9　加入饱和非线性校正仿真模型

（4）设置 Discontinuities 模块库的 Saturation 属性 Upper Limit 为 0.1，Lower Limit 为 −0.1，输出 Sinks 模块"XY Graph"显示范围：X：[−0.1 0.2]，Y：[−1 1]，设置输入模块库 Source 的 step 属性"Step Time"为 0，"Final value"为 1V，输出的相平面和阶跃响应曲线如图 3.6.10 所示。

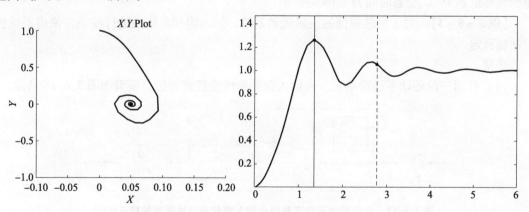

图 3.6.10　加入饱和非线性校正相平面与阶跃响应曲线

（5）在（4）的基础上，为了改善系统稳态时间，加入速度反馈进行控制，仿真模型如图 3.6.11 所示。

（6）加入速度校正后的仿真结果如图 3.6.12 所示。

（7）从加入非线性校正后相平面结果看，振荡的幅度有所减小，相轨迹圈数减少，反

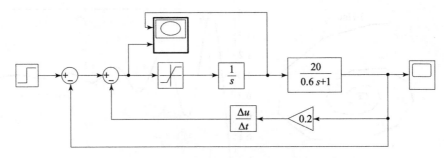

图 3.6.11　加入饱和非线性校正及速度反馈仿真模型

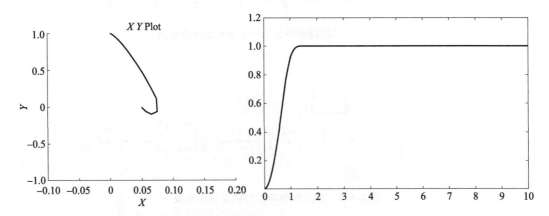

图 3.6.12　加入饱和非线性校正及速度反馈的相平面及阶跃响应曲线

映在阶跃响应曲线上，超调量从 61% 降低到 25.4%，达到稳态的时间从 3.4 s 降低到 2.7 s。在此基础上，加入速度反馈提高上升速度和稳态时间，从仿真的相平面及阶跃响应曲线看，超调量降低到 1%，稳态时间为 1.04 s。

【例 3 - 6 - 3】　对于发散振荡的三阶随动系统，加入饱和非线性进行校正，使得系统快速达到稳定。

步骤：

（1）针对三阶随动不稳定系统，未加入饱和非线性搭建的仿真模型如图 3.6.13 所示。

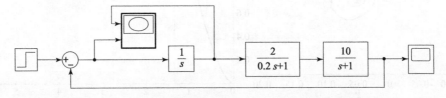

图 3.6.13　三阶随动不稳定系统未加入饱和非线性搭建的校正模型

（2）设置 Sinks 模块 "XY Graph" 显示范围：X：[-3 3]，Y：[-10 10]，输入 Source 模块的 step 属性 "Step Time" 为 0，"Final value" 为 1V，原系统未加入校正的相平面及阶跃响应曲线如图 3.6.14 所示。

（3）加入 Discontinuities 模块库的 Saturation 饱和非线性校正，设置属性 Upper Limit 为 0.1，Lower Limit 为 -0.1，搭建的仿真模型如图 3.6.15 所示。

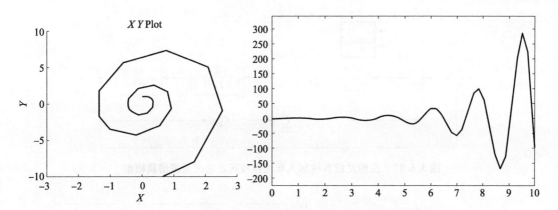

图 3.6.14 三阶随动系统未加入校正的相平面及阶跃响应曲线

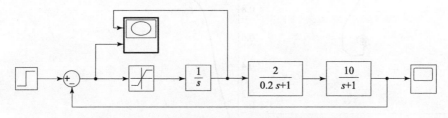

图 3.6.15 三阶随动系统加入饱和非线性的校正模型

（4）校正后的相平面及阶跃响应曲线如图 3.6.16 所示。

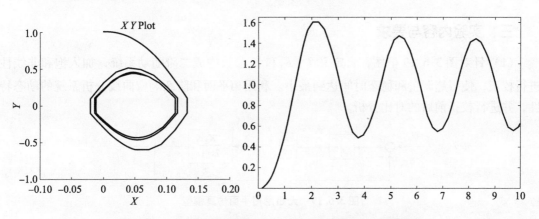

图 3.6.16 三阶发散系统加入校正的相平面及阶跃响应曲线

（5）在系统稳定的基础上，加入速度反馈，以改善系统的动态特性，仿真模型如图 3.6.17 所示。

（6）加入速度反馈后的相平面及阶跃响应曲线如图 3.6.18 所示。

（7）从仿真相平面和阶跃响应曲线结果看出，未加入校正前系统是发散振荡的不稳定系统，加入饱和非线性校正后，相平面进入极限环状态，阶跃响应曲线将发散不稳定的系统校正到出现稳定的等幅振荡。加入速度反馈后，使得进入一个较好的稳定状态，稳态时间是 2.2 s，超调量为 0。

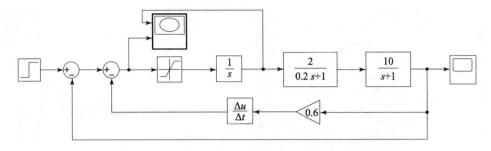

图 3.6.17　三阶发散系统加入非线性校正及速度反馈仿真模型

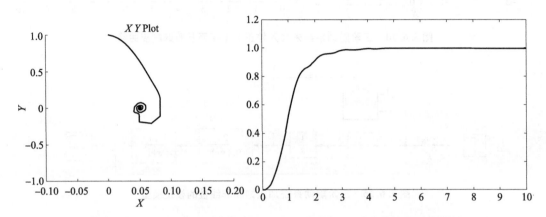

图 3.6.18　三阶发散系统加入非线性校正及速度反馈的相平面及阶跃响应曲线

三、实验内容与要求

（1）针对图 3.6.19 框图，自定义 T、K_1 和 K_2 参数构成二阶随动系统，加入饱和非线性进行校正，使得超调量和稳态时间达到最小。利用相平面和阶跃响应曲线分析系统的动态特性，并进行校正前后的对比分析。

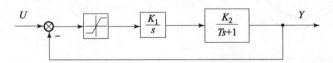

图 3.6.19　无阻尼相平面仿真模型

（2）针对图 3.6.20 框图，自定义 T_1、T_2、K_1 和 K_2 参数构成三阶随动系统，加入饱和非线性进行校正，使得不稳定系统达到较好的稳定状态。利用相平面和阶跃响应曲线分析系统的动态特性，并进行校正前后的对比分析。

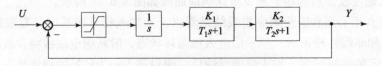

图 3.6.20　无阻尼相平面仿真模型

四、思考题

（1）用相平面法分析控制系统的优点。

（2）针对任意被控对象，是否均可以采用非线性校正改善系统的动态响应品质？

实验七　状态反馈控制器配置仿真设计

一、实验目的

（1）学习 Simulink 环境下设计状态反馈控制器的仿真方法。

（2）掌握使用状态反馈实现闭环极点任意配置的仿真方法和步骤。

二、实验案例及说明

状态反馈是系统的状态变量通过比例环节反馈到输入端进行改变系统特征的一种方式，它是体现现代控制理论特色的一种控制方式。状态变量反映了系统的内部特性，因此，状态反馈比传统的输出反馈能更有效地改善系统的性能。

针对状态空间方程 $\begin{cases} \dot{x} = Ax(t) + Bu(t) \\ y = Cx + Du \end{cases}$ 及极

点配置增益矩阵 K，对极点配置的状态反馈系统仿真结构如图 3.7.1 所示。

K 阵的获取方法可使用 MATLAB 的 place( ) 或 acker( ) 两个特征函数获得，详见第 2 章实验八的第 2 小节。

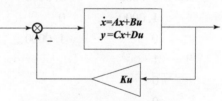

图 3.7.1　状态反馈仿真结构

【例 3 – 7 – 1】　已知系统开环系统状态方程，判断该闭环系统是否可控？若完全可控，将特征值配置到 $p = [\ -2 + 2j,\ -2 - 2j,\ -10\ ]$ 上，求状态增益矩阵 K。要求：

$$\begin{cases} \dot{x} = Ax(t) + Bu(t) \\ y = Cx + Du \end{cases}$$

$$A = \begin{bmatrix} 0 & 1 & 0 \\ 0 & 0 & 1 \\ -1 & -5 & -6 \end{bmatrix},\ B = \begin{bmatrix} 0 \\ 0 \\ 1 \end{bmatrix},\ C = [1\ \ 0\ \ 0],\ D = 0$$

（1）编程计算增益矩阵 K，并绘制加入状态反馈控制器前后的阶跃响应曲线；

（2）由设计的状态反馈控制器，使用 Simulink 进行仿真；

（3）对比程序和 Simulink 输出结果。

步骤：

（1）命令程序：

```
clear;clc;
a=[0 1 0;0 0 1;-1 -5 -6];b=[0;0;1];c=[1 0 0];d=0;
[num0,den0]=ss2tf(a,b,c,d);G0=tf(num0,den0);
G1=feedback(G0,1);[num1,den1]=tfdata(G1,'v');
```

```
[A,B,C,D]=tf2ss(num1,den1)
Nctr=rank(ctrb(A,B)); n=length(A);
if   n==Nctr
disp('该系统是可控的');
p=[-2+2j  -2-2j  -10];
K=place(A,B,p)
[num2,den2]=ss2tf(A-B*K,B,C,D);
G2=tf(num2,den2);step(G2);
L=polyval(den2,0)/polyval(num2,0)
GK=ss(A-B*K,L.*B,C,D);
else
disp('该系统是不可控的');
end
step(GK,G1);grid on;
```

（2）参数结果如下，绘图结果如图 3.7.2 所示。

$$A = \begin{matrix} -6.0000 & -5.0000 & -2.0000 \\ 1.0000 & 0 & 0 \\ 0 & 1.0000 & 0 \end{matrix}$$

$$B = \begin{matrix} 1 \\ 0 \\ 0 \end{matrix}$$

$$C = \begin{matrix} 0 & 0 & 1 \end{matrix}$$

该系统是可控的，可控阵：$K = \begin{bmatrix} 8 & 43 & 78 \end{bmatrix}$，$L = 80$。

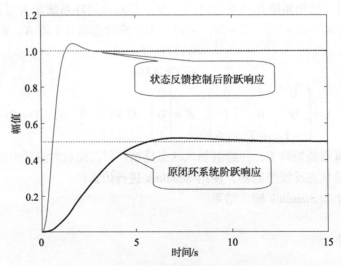

图 3.7.2　加入状态反馈控制前后的阶跃响应

（3）根据给定的传递函数、计算的闭环系统状态矩阵 A 及状态反馈增益 K 的值，构造的仿真框图如图 3.7.3 所示。

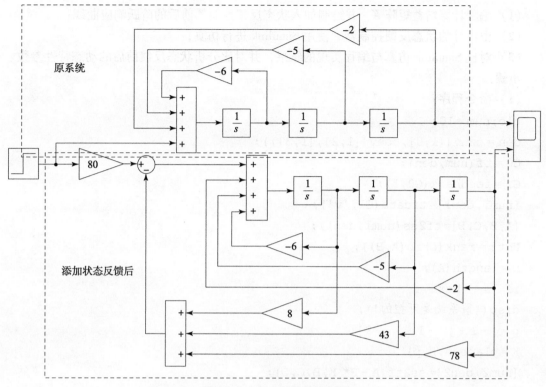

图 3.7.3 状态反馈仿真框图

（4）原闭环系统及加入状态反馈控制阶跃响应曲线仿真结果如图 3.7.4 所示。

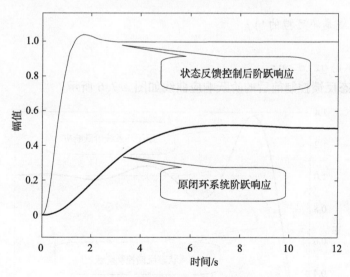

图 3.7.4 加入状态反馈控制前后仿真结果

【例 3 - 7 - 2】 已知闭环系统框图如图 3.7.5 所示，若期望特征值为 $p = [-1+j, -1-j, -9]$，判断该系统是否可控？若完全可控，求状态增益矩阵 K 的值，并要求：

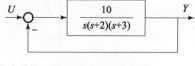

图 3.7.5 系统框图

（1）编程计算增益矩阵 **K**，并绘制加入状态反馈控制器前后的阶跃响应曲线；

（2）由设计的状态反馈控制器，使用 Simulink 进行仿真；

（3）对比 Simulink 仿真与编程实现的结果，并对比分析状态反馈前后的动态特性参数。

步骤：

（1）命令程序：

```
clc;num=10;
den=conv([1,0],conv([1,2],[1,3]));
G0=tf(num,den);
G1=feedback(G0,1);
[num1,den1]=tfdata(G1,'v');
[A,B,C,D]=tf2ss(num1,den1);
Nctr=rank(ctrb(A,B));
n=length(A);
if  n==Nctr
disp('该系统是可控的');
p=[-1+j  -1-j  -9];
K=place(A,B,p)
[num2,den2]=ss2tf(A-B*K,B,C,D);
L=polyval(den2,0)/polyval(num2,0)
GK=ss(A-B*K,L.*B,C,D);
else
disp('该系统是不可控的');
end
step(G1,GK);grid on;
```

（2）绘制状态反馈控制前后的阶跃响应曲线如图 3.7.6 所示。

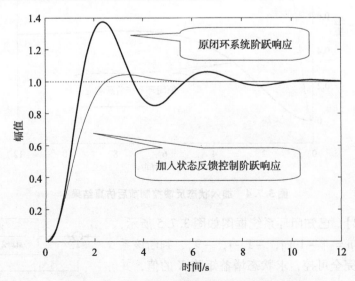

图 3.7.6　加入状态反馈控制前后的阶跃响应

程序输出结果为：

A = -5   -6   -10

     1   0   0

     0   1   0

B =   1

     0

     0

C =   0   0   10

该系统是可控的，$K = [6.0000 \quad 14.0000 \quad 8.0000]$，$L = 1.8000$

（3）根据给定的传递函数、计算的闭环系统状态矩阵 A 及状态反馈增益 K 的值，构造的仿真框图如图 3.7.7 所示。

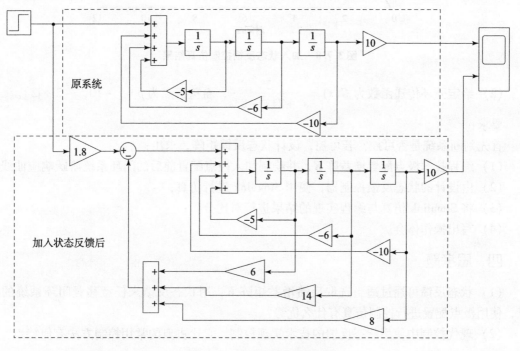

图 3.7.7　状态反馈仿真框图

（4）仿真的结果如图 3.7.8 所示。

（5）对比加入状态反馈后的图 3.7.1 和图 3.7.3，可以看出使用 MATLAB 编程和使用 Simulink 仿真结果是一致的。状态反馈未加入极点配置前，阶跃响应的超调量为 37%，稳态时间为 4.53 s，峰值时间为 2.27 s，稳态误差为 0；加入极点配置的阶跃响应的超调量为 4%，稳态时间为 9.08 s，峰值时间为 2.95 s，稳态误差为 0。可见，加入极点配置后的超调量及稳态时间有很大变化，峰值时间稍有延迟。

三、实验内容及要求

（1）自行定义三阶系统传递函数，希望配置的极点为：$p = [-8, \ -1 \pm j2]$。

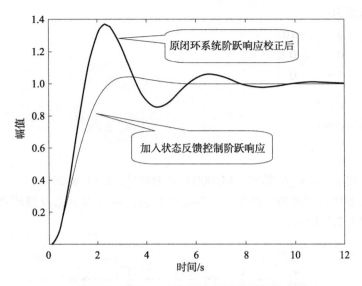

图 3.7.8　加入状态反馈控制仿真结果

（2）给定开环传递函数为 $G(s) = \dfrac{5}{s^3 + 21s^2 + 83s}$，希望极点为 $p = [\ -10,\quad -2 \pm \mathrm{j}2\ ]$。

要求：

首先判断系统是否可控？若可控，设计状态反馈矩阵，求出：

（1）编程技术极点配置增益阵 **K**，并绘制加入极点配置前后的闭环系统阶跃响应曲线；

（2）由设计的状态反馈控制器，使用 Simulink 进行仿真；

（3）将 Simulink 仿真与编程实现的结果进行对比分析；

（4）写出操作体会。

四、思考题

（1）状态反馈可通过适当选取反馈增益矩阵 **K**，用状态反馈来任意移置闭环系统的极点，使用极点配置进行控制仿真有什么优势？

（2）现代控制中使用状态反馈的技术实现控制，它比古典的常用控制方法有何特点？

第4章

基于 QUBE - Servo 2 电机及倒立摆的实验分析与设计

硬件说明　Quanser QUBE - Servo 2 组件

1. 硬件元件及参数

（1）QUBE - Servo 2 相关元件（见表4.0.1）

表4.0.1　元件组成

ID	元件	ID	元件
1	基座	11	旋转臂转轴
2	模块连接器	12	旋转摆磁铁
3	模块连接器磁铁	13	摆编码器
4	状态指示 LED 灯	14	直流电机
5	模块编码器连接端口	15	电机编码器
6	电源连接端口	16	QUBE - Servo 2DAQ/放大器电路板
7	电源系统指示灯	17	SPI 数据连接端口
8	惯性圆盘	18	USB 连接端口
9	摆关节	19	电源 LED 灯
10	旋转臂杆	20	内部数据总线

（2）对应元件（见图4.0.1）

图4.0.1　对应组成元件

其中，直流电机通过编码器进行位置的测量，测量的结果为编码器返回的计数值，通过公式转换为弧度值。弧度值与电机角度转换关系为电机角度 =（弧度值/(2π)）×360，其中电机的角度顺时针为正方向，例如，45°（0.785 rad），90°（1.57 rad），135°（2.355 rad），如图4.0.2所示。

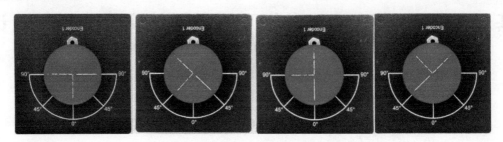

图4.0.2 0°，45°，90°，135°指示

（3）电机参数（见表4.0.2）

表4.0.2 电机主要参数特性表

参数	含义	数值及单位
V_{nom}	标称输入电压	18 V
τ_{nom}	标称扭矩	22.0 mN · m
ω_{nom}	标称转速	3 050 r/min
I_{nom}	标称电流	0.540 A
R_m	接线端电阻	8.4 Ω
k_t	扭矩常数	0.042 N · m/A
k_m	电机反电动势常数	0.042 V/（rad · s^{-1}）
J_m	转子惯量	4×10^{-6} Kg · m^2
L_m	转子电感	1.16 mH
m_h	粘贴模块轴的质量	0.010 6 kg
r_h	粘贴模块轴的半径	0.011 1 m
J_h	粘贴模块转动惯量	0.6×10^{-6} kg · m^2

（4）惯性及旋转摆参数（见表4.0.3）

表4.0.3 惯性圆盘模块和旋转摆模块参数

参数	含义	数值及单位
m_d	圆盘质量	0.053 kg
L_d	圆盘半径	0.024 8 m
m	旋转臂质量	0.095 kg
L_r	旋转臂长度（从轴到金属杆末端）	0.085 m
m_p	摆臂质量	0.024 kg
L_p	摆臂长度	0.129 m

2. 实验组成

(1) 实物连接

Quanser 的 QUBE – Servo 2 可连接惯性圆盘和旋转摆两个套件，根据需要进行接入，电机一端接电源，一端使用 QFLEX 2 USB 接口连接到计算机，若连接好，安装好驱动程序则 USB Power LED 为绿色。实物硬件如图 4.0.3 所示。

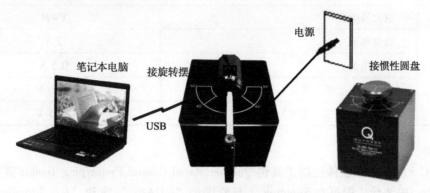

图 4.0.3　硬件连接示意图

其中，QUBE – Servo 2 包含两个四倍频解码 32 位编码器通道和两个 PWM 模拟输出通道。数据采集 DAQ 为 12 位 ADC，根据测量的电机电流反馈值检测电机的旋转状态。

(2) 连接关系

电机的电流、旋转摆编码器输入使用数据采集 DAQ 进行连接，连接关系如图 4.0.4 所示。

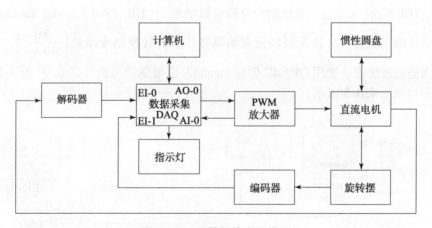

图 4.0.4　元件间的交互关系

其中，电机和摆的编码器连接到编码器输入 EI – 0 和 EI – 1 1 通道，模拟输出 AO – 0 通道与功放指令信号相连，然后驱动直流电机。DAQ 模拟输入 AI – 0 通道连接 PWM 放大器电流检测电路。DAQ 也通过内部串行数据总线控制集成三色 LED，采用单端光学同轴编码器测量 QUBE – Servo 2 中直流电机和摆的转角位置，它以 512 线/圈的四倍频模式工作，即每圈输出 2 048 个脉冲。在通道 14 000 也设置一个数字测速计，用以测量角速度单位为 sounts/s。单端光学同轴编码器特性参数如表 4.0.4 所示。

表 4.0.4 编码器参数

摆编码器	编码器线数	512 线/圈
	四倍频后的编码器线数	2 048 线/圈
	编码器分辨率（四倍频后，°）	0.176°/脉冲
	编码器分辨率（四倍频后，rad）	0.003 07 rad/脉冲
放大器	放大器类型	PWM
	峰值电流	2 A
	连续电流	0.5 A
	输出电压范围（推荐）	±10 V
	输出电压范围（最大）	±15 V

3. 软件

QUARC 和 Quanser 软件控制工具包 Quanser Rapid Control Prototyping Toolkit 需要安装到 MATLAB 中，安装后，即可在 Simulink 工具栏增加"QUARC"项和"HIL Initialize"模块，此时，可在库窗口中拖动一个 HIL Initialize 模块到空的 Simulink 模型中。该模块用于配置数据采集设备，运行 QUARC 控制器在 Simulink 工具栏进入"QUARC"→Build 编译再 "QUARC"→Start 运行代码，从示波器查看结果。

（1）采集电机电压的方法

选择 QUARC Targets→Data Acquisition→Generic→Timebase 类，增加 HIL Read Encoder Timebase 模块。

通过"HIL Write Analog"模块输出直流电机电压、"HIL Read Encoder Timebase"模块读取直流电机编码器参数、比例模块设置编码器计数值转换角度系数 $\left(\dfrac{2\pi}{512 \times 4}\right)$，通过微分模块得到当前的速度值。使用 QUARC 创建 Simulink 模型驱动电机并读取 QUBE - Servo 2 角度的模块搭建如图 4.0.5 所示。

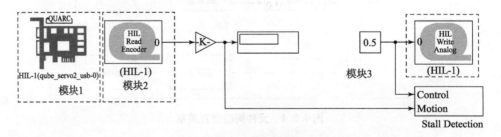

图 4.0.5 元件间的交互关系

其中，模块 1 用于配置 qube_servo2_usb 型号 HTL - 1(qube_servo2_usb - 0)；模块 2 用于取直流电机编码器参数；模块 3 用于输出直流电机电压。

（2）使用编码器测量速度的方法

在微分输出端加入低通滤波器替代微分模块连接到编码器标定增益输出，使其可通过编码器测量齿轮箱转速（单位：rad/s），再从 Simulink→Continuous Simulink 库中添加一个传递函数（Transfer Fcn）模块，添加参数（150s/s + 150），并连接到微分的输出端，另一端连接示波器，给电机施加一个 1 V 的阶跃电压，可同时读取伺服转速和位置，如图 4.0.6 所示。

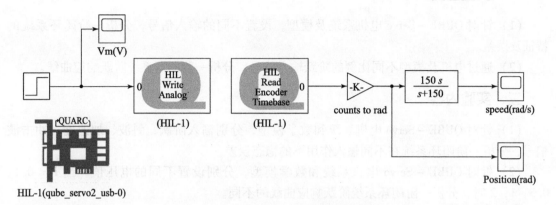

图 4.0.6　读取电机转动速度

4. 数学模型

（1）电压 – 速度

通过第 1 章对直流电机电压 – 速度建立的数学模型，该系统为一阶惯性环节，系统输出 $S_m(s)$ 为电机/转盘的速度，系统输入 $V_m(s)$ 为电机电压，K 为模型的稳态增益，T 为模型的时间常数。根据电机给定的参数，计算的模型稳态增益 $K = 23.8$ rad/(V·s)，时间常数 $T = 0.1$ s，得到开环传递函数为

$$G(s) = \frac{S_m(s)}{V_m(s)} = \frac{K}{Ts + 1}, \quad G(s) = \frac{23.8}{0.1s + 1}$$

（2）电压 – 位置

直流电机电压 – 位置相当于在电压 – 速度环串联了一个积分环节，建立的开环系统模型为二阶系统传递函数，方法及参数同上，得到开环传递函数：

$$G(s) = \frac{S_m(s)}{V_m(s)} = \frac{K}{(Ts + 1)s}, \quad G(s) = \frac{23.8}{(0.1s + 1)s}$$

（3）旋转摆角度

对旋转倒立摆的电压 – 角度建立的数学模型为

$$\boldsymbol{A} = \begin{bmatrix} 0 & 0 & 1 & 0 \\ 0 & 0 & 0 & 0 \\ 0 & 149.2751 & -0.0104 & 0 \\ 0 & -261.6091 & -0.0103 & 0 \end{bmatrix}, \quad \boldsymbol{B} = \begin{bmatrix} 0 \\ 2 \\ 0 \\ 49.7275 \\ 49.1493 \end{bmatrix}$$

$$\boldsymbol{C} = \begin{bmatrix} 1 & 0 & 0 & 0 \\ 0 & 1 & 0 & 0 \end{bmatrix}, \quad \boldsymbol{D} = 0$$

实验一　基于电机的一阶闭环系统时域分析

一、实验目的

（1）针对 QUBE – Servo 电机系统及模型，设置不同的输入信号，分析一阶闭环系统的特征及误差。

（2）通过电机及模型不同比例的阶跃输入信号，分析一阶闭环系统阶跃响应曲线。

二、实验内容

（1）针对 QUBE – Servo 电机系统和数学模型，分别输入阶跃、斜波、加速度、冲击波信号，分析一阶闭环系统在不同输入作用下的稳态误差。

（2）针对 QUBE – Servo 电机系统和数学模型，分别设置不同的电压值，当 $K = 0.1$，0.3，1，2 时，分析一阶闭环系统阶跃响应曲线的不同。

（3）分析 QUBE – Servo 电机系统和数学模型在相同输入信号时产生误差的原因。

1. QUBE – Servo 电压 – 速度闭环

通过第 1 章对直流电机电压建立的数学模型，该系统为一阶惯性环节，开环传递函数为

$$G(s) = \frac{S_{\mathrm{m}}(s)}{V_{\mathrm{m}}(s)} = \frac{K}{Ts + 1} \tag{4 – 1 – 1}$$

式中，系统输出 $S_{\mathrm{m}}(s)$ 为电机/转盘的速度；系统输入 $V_{\mathrm{m}}(s)$ 为电机电压；K 为模型的稳态增益；T 为模型的时间常数。

根据电机给定的参数，计算的模型稳态增益 $K = 23.8\ \mathrm{rad/(V \cdot s)}$ 即：K 为电压 – 速度的增益，电压的单位 V，速度的单位 rad/s，合在一起为 $\mathrm{rad/(V \cdot s)}$；时间常数 $T = 0.1\ \mathrm{s}$，得到开环传递函数为

$$G(s) = \frac{23.8}{0.1s + 1} \tag{4 – 1 – 2}$$

2. QUBE – Servo 电机加入比例的闭环系统与传递函数

QUBE – Servo 电机速度闭环系统框图如图 4.1.1 所示。

QUBE – Servo 电机速度闭环传递函数为

$$G(s) = \frac{23.8}{0.1s + 24.8} \tag{4 – 1 – 3}$$

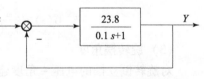

图 4.1.1　电机闭环系统

通过式（4 – 1 – 3）可以看出，闭环后电机电压速度仍是一阶系统。

三、实验步骤

（1）打开 Simulink，调用 "q_qube_v_speed_close_step. slx" 文件，通过 "HIL Write Analog" 模块输出直流电机电压、"HIL Read Encoder Timebase" 模块读取直流电机编码器参数、比例模块设置编码器计数值转换角度系数 $\left(\dfrac{2\pi}{512 \times 4}\right)$，再通过微分模块得到当前的速度。同时，搭接被控对象模型的负反馈系统，添加电机对象一阶系统传递函数［式（4 – 1 – 2）］

模块，设置阶跃信号的开始时间（Step time）为 1 s，结束幅值（Final value）为 100 V。建立的模型如图 4.1.2 所示。

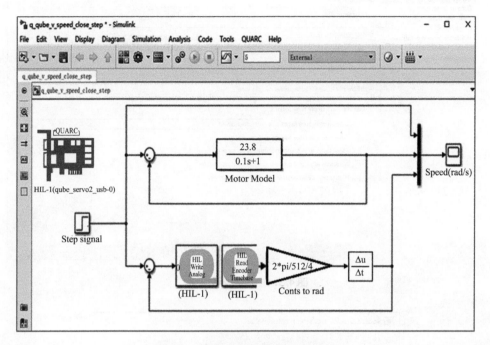

图 4.1.2　输入阶跃信号的阶跃响应

（2）在工具栏中单击 "Model Configuration Parameters" 配置硬件模块参数，如图 4.1.3 所示。

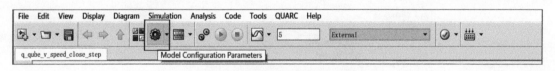

图 4.1.3　配置系统仿真器参数

（3）单击对话框选项 "solver"，在 Simulation Time 参数下面，键入参数：

- Start Time：0；
- Stop time：5。

在 Solver Selection 项中，选择固定步长的 ode1 解算器：

- Type：fixed step；
- Solver：ode1（Euler）。

在 Solver Details 中键入当前的仿真步长：0.002 s，即 Fixed – step size（fundamental sample time）为 0.002。相当于设置了硬件的循环速率是 500 Hz，如图 4.1.4 所示。

（4）在打开的 q_qube_v_speed_close_step. slx 模型中，双击 HTL – 1（qube_servo2_usb – 0）函数模块，在 "Board type" 中设置接口参数，选择接口型号为 "qube_servo2_usb"，如图 4.1.5 所示。

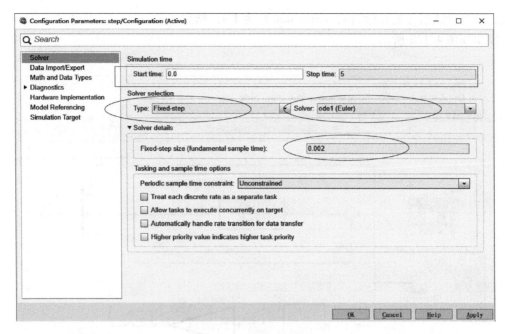

图 4.1.4　配置参数信息

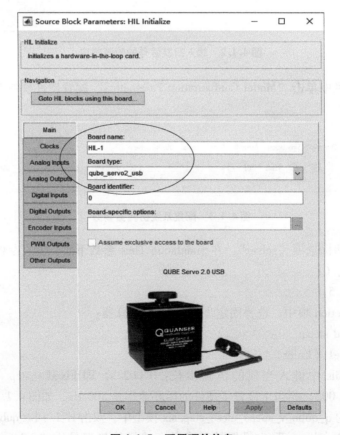

图 4.1.5　配置硬件信息

（5）在 Simulink 窗口中编译运行，选择菜单栏中的 "QUARC" → "Build"，如图 4.1.6 所示。QUBE 提供的驱动会自动将当前的 Simulink 程序进行编译并下载到 QUBE 硬件中，且能在 Simulink 中进行实时数据的传输，通过示波器查看曲线。

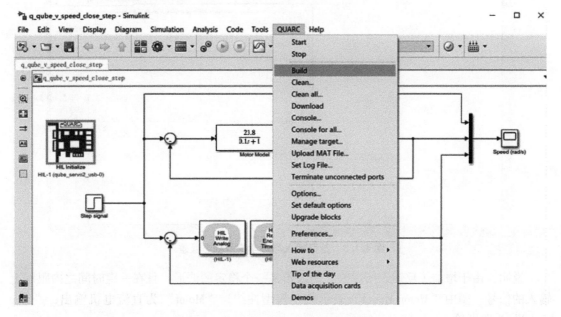

图 4.1.6　使用 QUARC 编译文件

（6）编译完成后，选择 Simulink 窗口工具栏中的 "QUARC" → "Start" 运行，此时，可在 Simulink 窗口的底部查看当前运行的进度，如图 4.1.7 所示。

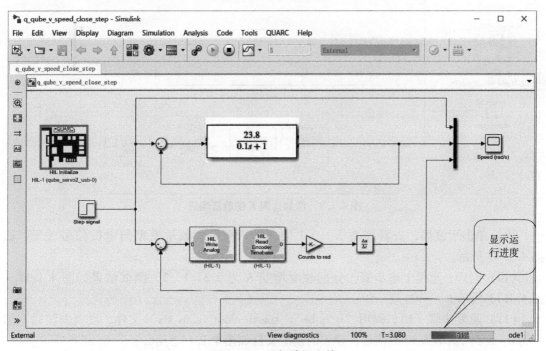

图 4.1.7　运行编译文件

（7）单击示波器，查看输入信号、数学模型与电机输出波形，如图 4.1.8 所示。

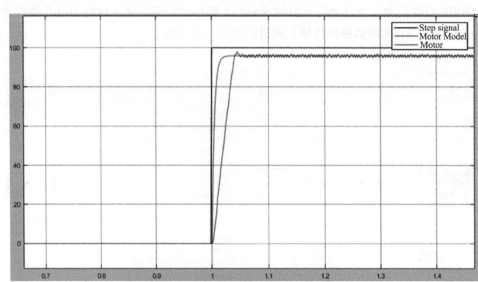

图 4.1.8 阶跃输入与数学模型稳态误差

说明：由于增加了反馈，所以响应的波形是一个稳定的波形，且在一定时间之内跟踪上输入的信号。图中"Motor Model"表示数学模型曲线，"Motor"为直流电机输出，"Step signal"为阶跃输入。

（8）重复步骤（1），调用"q_qube_v_speed_close_step_with_K_amplifier. slx"文件，设置增益 K 为 0.1，如图 4.1.9 所示。

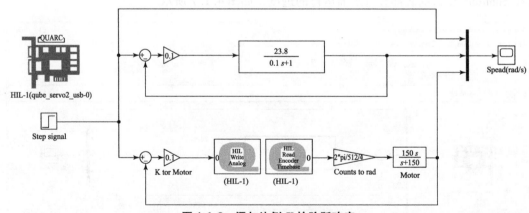

图 4.1.9 添加比例 K 的阶跃响应

（9）单击示波器，查看增益 $K = 0.1$ 时，输入阶跃、数学模型与电机信号波形，如图 4.1.10 所示。

（10）同理，重复上述步骤，分别改变增益 K 为 0.3、1、2，测试结果如图 4.1.11 ~ 图 4.1.13 所示。

（11）重复步骤（1），调用"q_qube_v_speed_close_ramp. slx"文件，设置斜波输入信号为 0 ~ 5 s 内斜率为 20 的信号，建立的模型文件如图 4.1.14 所示。

（12）运行后，单击示波器查看斜波输入下数学模型的误差曲线，如图 4.1.15 所示。

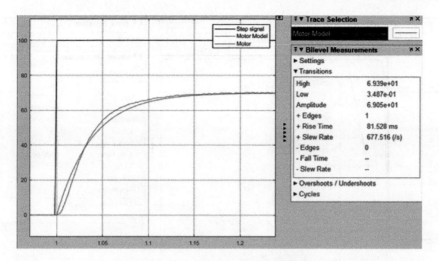

图 4.1.10　$K = 0.1$ 时的阶跃响应

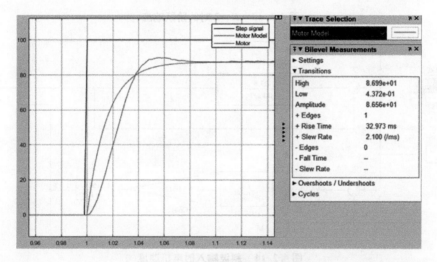

图 4.1.11　$K = 0.3$ 时的阶跃响应

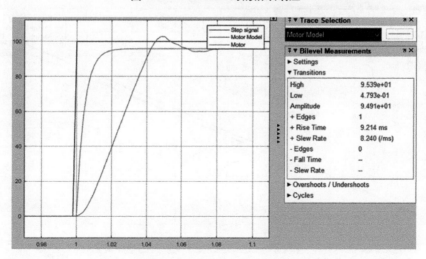

图 4.1.12　$K = 1$ 时的阶跃响应

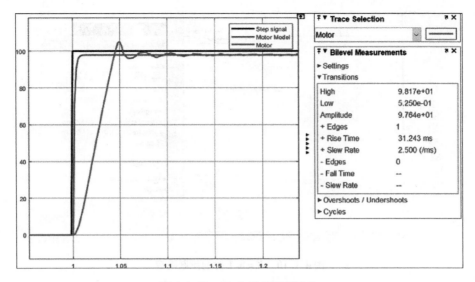

图 4.1.13　$K=2$ 时的阶跃响应

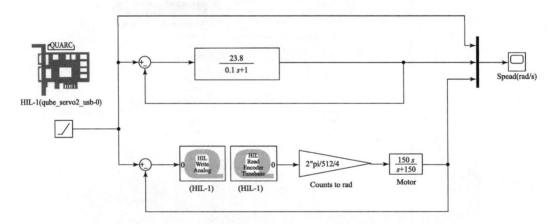

图 4.1.14　斜波输入时电机速度

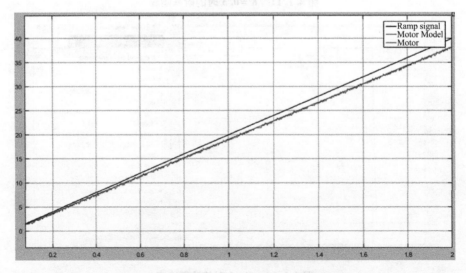

图 4.1.15　斜波输入数学模型与电机实测误差

（13）重复上述步骤，打开 q_qube_v_speed_close_acc. slx，调用加速度输入下数学模型与电机的仿真，方波信号设置开始时间 1 s，最后幅值（Final value）为 30 V，如图 4.1.16所示。

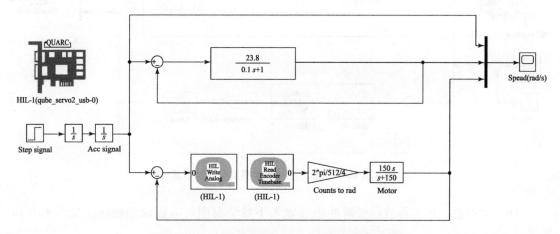

图 4.1.16　斜波输入信号下数学模型与电机仿真

（14）运行结束，单击示波器查看加速度输入下数学模型与电机误差曲线，如图 4.1.17所示。

说明：在电机"Motor"中存在硬件系统带来的噪声，随着绝对值的增加，噪声的影响相对越来越小。

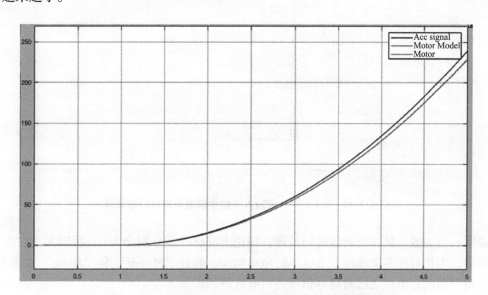

图 4.1.17　加速度输入信号下数学模型与电机误差曲线

（15）重复上述步骤，调用"q_qube_v_speed_close_impulse. slx"，冲击信号函数采用两个阶跃模块的相减实现，第一个阶跃函数"step signal"的配置是在 0 ~ 5 s 内从 1 开始幅值为 100 的信号，第二个阶跃函数"step signal1"的配置为在 0 ~ 5 s 内从 1.1 开始幅值为 – 100 的信号，如图 4.1.18 所示。

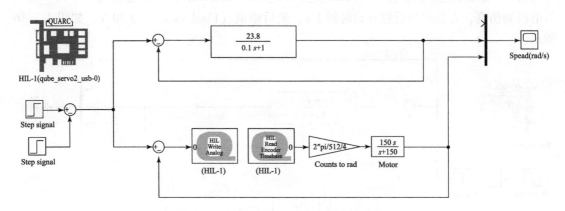

图 4.1.18　冲击波输入数学模型与电机仿真

（16）运行后，单击示波器查看冲击波输入下数学模型与电机误差曲线，如图 4.1.19 所示。

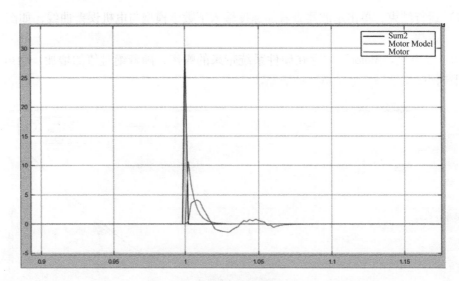

图 4.1.19　0.1 s 冲击波输入下数学模型与电机误差曲线

说明：因为输入脉冲的持续时间较短，理论上的脉冲信号积分为 0，所以无法对电机有效地驱动，电机对控制电压的积分也不能做出响应，通过"Modelr"和"Motor"波形看到，仿真模型可跟随，电机无法对脉冲信号进行有效的跟踪。

四、实验报告要求

1. 完成实验

（1）按照实验步骤完成仿真及电机数据采集，观察输出结果，并填表 4.1.1。

表 4.1.1　输入不同幅值 K 阶跃信号

信号 参数	设置输入 $U(s) = \dfrac{1}{s}$ 单位阶跃信号，不同幅值 K 下的稳态值、稳态时间					
K 取值	$K_1 =$	$K_2 =$	$K_3 =$	$K_4 =$	稳态误差	备注
输入信号值						
数学模型值						
电机测量值						

（2）记录实验曲线和系统误差，并填表 4.1.2。

表 4.1.2　不同输入信号下的误差及跟踪情况

信号 误差	方波信号	斜波信号	加速度信号	冲击波信号	跟踪状态	备注
数学模型						
电机测量						

2. 误差分析

完成数学模型仿真与电机测试两组参数的对比分析，并详细说明它们之间的区别、产生误差的原因。

五、思考题

（1）在阶跃激励实验中，为什么激励值设定为 100，而不是 1？

（2）为什么在 K 增加到一定程度时电机的曲线会和一阶系统不同，出现超调的现象？

（3）在斜坡激励实验中，为什么激励值设定为 10，而不是 1？

（4）在加速度激励实验中，为什么激励值设定为 20，而不是 1？

实验二　基于电机二阶闭环系统的时域分析

一、实验目的

（1）根据 QUBE – Servo 不同电压 – 显示的电机转动位置，分析二阶系统不同阻尼比及不同增益条件下对系统输出的影响，掌握二阶系统时域的动态特性。

（2）观测数学模型仿真与直流电机测试结果，并分析产生误差的原因。

二、实验内容

针对 QUBE – Servo 电机系统，设置不同的电压值，当 $K = 0.05$，0.084，0.1，0.2，1，2 时，分别通过 Simulink 仿真数学模型和直流电机真实信号测试结果，分析系统动态特性。

1. QUBE – Servo 电压 – 位置开环

通过直流电机电压 – 位置测试，建立的系统模型为二阶系统，开环传递函数为

$$G(s) = \frac{S_m(s)}{V_m(s)} = \frac{K}{(Ts+1)s} \qquad (4-2-1)$$

式中，系统输出 $S_m(s)$ 为电机/转盘的位置；系统输入 $V_m(s)$ 为电机电压；K 为模型的稳态增益；T 为模型的时间常数。

设置模型的稳态增益 $K = 23.8$ rad/(V·s)，时间常数 $T = 0.1$ s，得到电机开环传递函数为

$$G(s) = \frac{23.8}{(0.1s+1)s} \qquad (4-2-2)$$

2. QUBE – Servo 电机加入比例的闭环系统与传递函数

QUBE – Servo 电机位置闭环系统如图 4.2.1 所示。

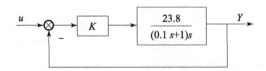

图 4.2.1 电机闭环系统

QUBE – Servo 电机位置闭环传递函数为

$$G(s) = \frac{23.8K}{0.1s^2 + s + 23.8K} = \frac{238K}{s^2 + 10s + 238K} \qquad (4-2-3)$$

根据标准的二阶系统传递函数：

$$G(s) = \frac{Y(s)}{U(s)} = \frac{\omega_n^2}{s^2 + 2\zeta\omega_n S + \omega_n^2} \qquad (4-2-4)$$

当 $K = 1$ 时，相当于原电机闭环系统参数值为

$$\omega_n = \sqrt{238} = 15.43, \quad 2\xi\omega_n = 10, \quad \zeta = 0.32 \qquad (4-2-5)$$

可见，QUBE – Servo 电机位置加闭环系统是一个欠阻尼的二级系统。

三、实验步骤

（1）打开 Simulink，调用 q_qube_v_position_close_step_K. slx 文件，通过 "HIL Write Analog" 模块输出直流电机电压，通过 "HIL Read Encoder Timebase" 模块读取直流电机编码器参数，通过比例模块 1 设置系统的比例系数$\left(\frac{2\pi}{512 \times 4}\right)$，比例模块 2 设置编码器计数值转换角度系数，得到当前的位置值。同时搭接被控对象模型的负反馈系统，添加比例和电机对象二阶系统传递函数模块，设置方波信号的开始时间（Step time）为 1 s，结束幅值（Final value）为 10 V，如图 4.2.2 所示。

（2）在工具栏中单击 "Model Configuration Parameters" 配置硬件模块参数，如图 4.2.3 所示。

（3）单击对话框选项 "Solver"，在 Simulation Time 参数下面，键入参数值：

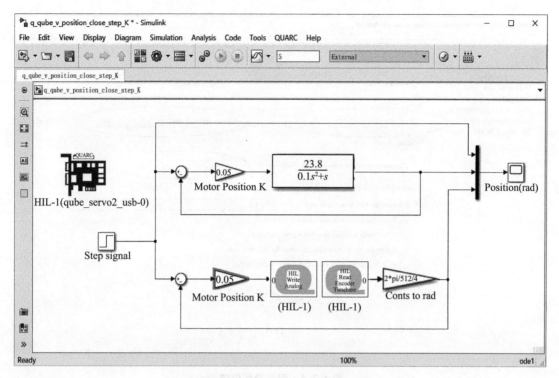

图 4. 2. 2 $K = 0.05$ 时电机电压位置

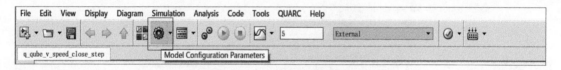

图 4. 2. 3 配置硬件模块参数

- Start Time：0；
- Stop time：5。

在 Solver Selection 项中，选择固定步长的 ode1 解算器：

- Type：fixed step；
- Solver：ode1 （Euler）。

在 Solver Details 中，选择当前的仿真步长是 0. 002 s，即 Fixed – step size （fundamental sample time）：0. 002。该值相当于设置了硬件的循环速率为 500 Hz，如图 4. 2. 4 所示。

（4）在打开的 q_qube_v_position_close_step_K. slx 模型中，打开 HTL – 1 （qube_servo2_usb – 0）模块，在 "Board type" 模块中，选择硬件型号为 "qube_servo2_usb"，如图 4. 2. 5 所示。

（5）分别设置数学模型和电机硬件模型的比例参数均为 0. 05。

（6）在 Simulink 窗口中编译运行，选择菜单栏中的 "QUARC" → "Build"，如图 4. 2. 6 所示。QUBE 提供的驱动会自动将当前 Simulink 程序框图中的代码进行编译并下载到 QUBE 硬件中，并且可以在 Simulink 中进行实时数据的传输和显示。

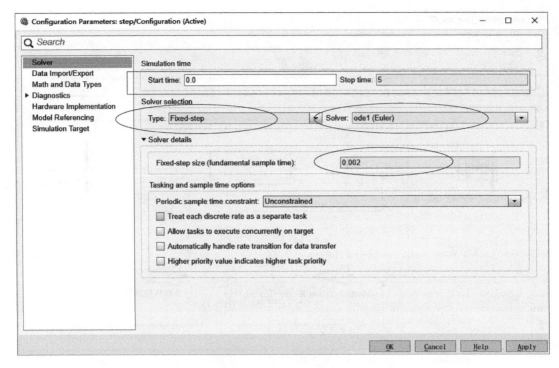

图 4.2.4　配置参数信息

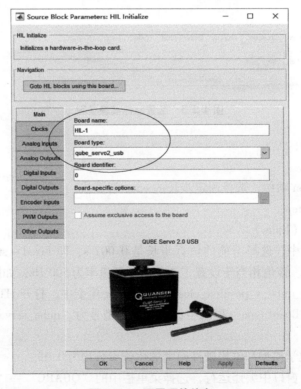

图 4.2.5　配置硬件信息

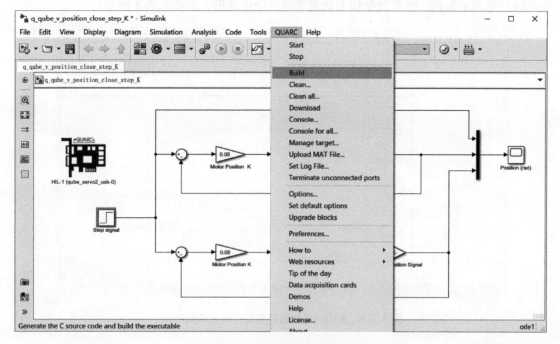

图 4.2.6　使用 QUARC 编译文件

（7）编译完成后，选择 Simulink 窗口工具栏中的 "QUARC" → "Start"，此时，可在 Simulink 窗口的底部查看当前运行的进度，如图 4.2.7 所示。

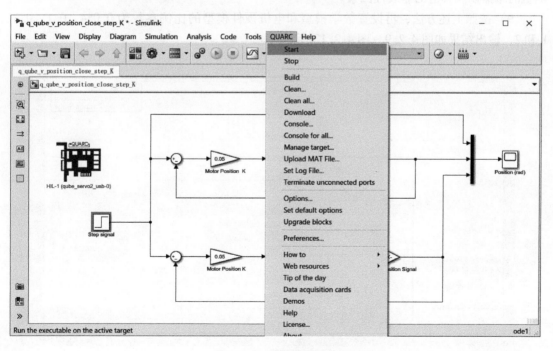

图 4.2.7　运行编译文件

（8）单击示波器，查看数学模型仿真和电机硬件波形，如图4.2.8所示。

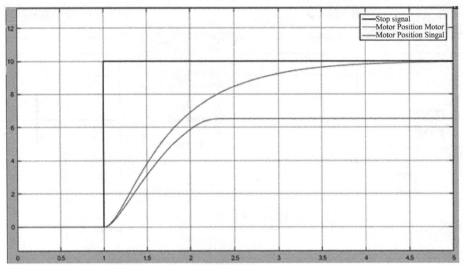

图 4.2.8　$K=0.05$ 时数学模型与电机阶跃响应

说明：当 $K=0.05$ 时，阻尼系统处于过阻尼状态。其中的三条曲线分别表示输入信号、数学模型仿真和电机硬件模型结果。"Motor Position Model"为数学模型仿真，"Motor Position Signal"为电机硬件结果。可以看出，同数学模型相比，硬件存在一定的误差，该误差来自电机的摩擦以及其他的非线性因素。

（9）按照上述方法，再设置数学模型和电机硬件模型的比例参数为 0.084、0.1、0.2、1 和 2，输出结果如图 4.2.9 ~ 图 4.2.13 所示。

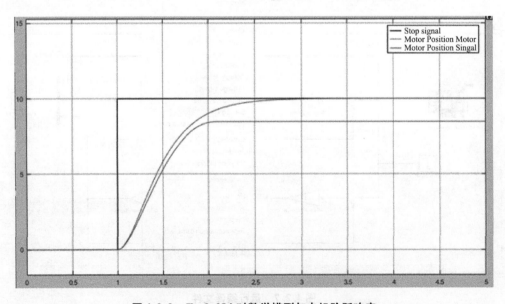

图 4.2.9　$K=0.084$ 时数学模型与电机阶跃响应

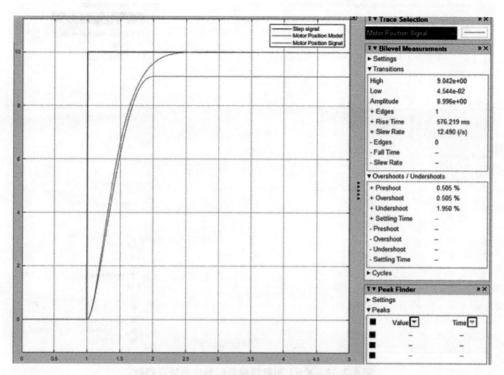

图 4.2.10　$K = 0.1$ 时数学模型与电机阶跃响应

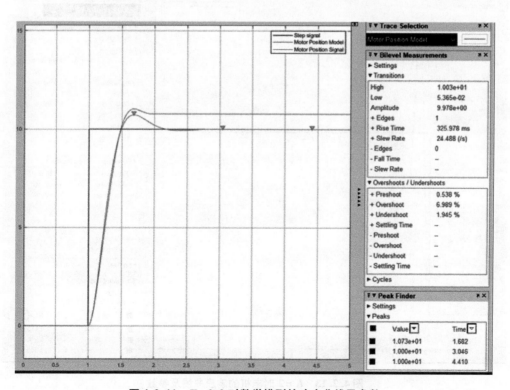

图 4.2.11　$K = 0.2$ 时数学模型的响应曲线及参数

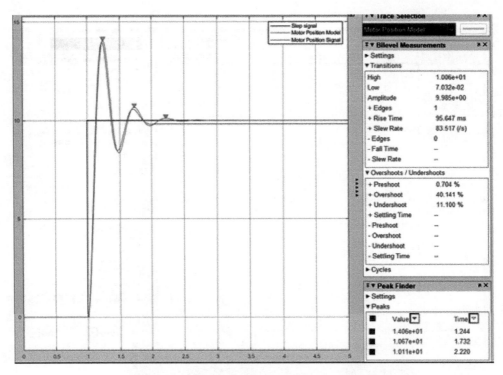

图 4.2.12　*K* = 1 时数学模型的响应曲线及参数

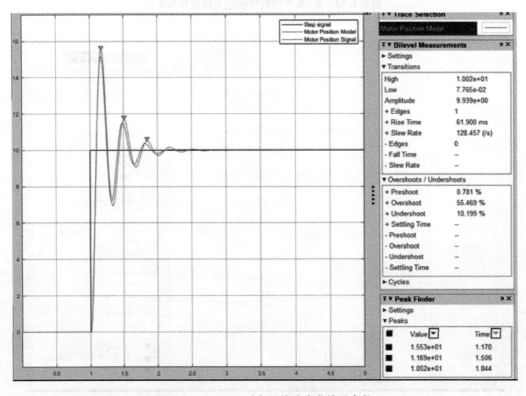

图 4.2.13　*K* = 2 时电机的响应曲线及参数

四、实验报告要求

1. 完成实验

（1）按照实验步骤完成仿真及电机数据采集，观察输出结果，并填表 4.2.1。

（2）记录实验曲线和系统动态性能参数。

表 4.2.1　记录数学模型仿真参数

参数 ＼ K值	$K = 0.05$	$K = 0.084$	$K = 0.1$	$K = 0.2$	$K = 1$	$K = 2$
超调量						
上升时间						
稳态时间						
稳态误差						
峰值时间						
超调量						
上升时间						
稳态时间						
稳态误差						
峰值时间						

2. 实验分析

（1）分析在增益 K 取不同数值时的阻尼状态、稳态时间、超调量、上升时间、峰值时间和稳态误差。

（2）完成数学模型仿真与电机测试两组参数的对比分析，并详细说明它们之间的区别、产生误差的原因。

五、思考题

（1）根据理论计算当 K 值为多少时系统是临界阻尼状态，从实验中对应的 K 值情况如何，为什么？

（2）当 K 值继续增加，系统会出现什么情况？

（3）针对二阶阻尼系统，阻尼比取多少时在时域动态特性参数比较理想？此时对应的 K 值是多少？

（4）$K = 1$ 时，相当于原电机模型，理论计算的超调量与仿真和实测结果有何区别？

实验三　基于位置的二阶闭环系统稳态误差分析

一、实验目的

（1）根据 QUBE – Servo 电机不同输入信号下的电机转动位置，分析二阶系统的稳态误差。

（2）观测不同输入信号下数学模型仿真与直流电机测试结果的不同。

二、实验内容

针对 QUBE – Servo 电机系统，设置不同的输入信号，分析二阶闭环系统的稳态误差。

（1）设置输入 $U(s) = \dfrac{1}{s}$ 单位阶跃函数，单位阶跃作用下的稳态误差称为静差 K_p。

（2）设置输入 $U(s) = \dfrac{1}{s^2}$ 单位斜波函数，单位斜波作用下的稳态误差称为速度误差 K_v。

（3）设置输入 $U(s) = \dfrac{1}{s^3}$ 单位加速度函数，单位加速度作用下的稳态误差称为加速度误差 K_a。

1. 稳态误差描述

1）稳态误差定义

系统的误差是输出量的希望值与实际值之差，稳态误差是系统从一个稳态过渡到新的稳态，或系统受扰动作用又重新平衡后系统出现的偏差。稳态误差记作 e_{ss}（Steady – State Errors）。

2）稳态误差计算

自动控制理论中的单位反馈系统稳态误差，将时域误差信号 e 使用设定值减去输出值 $e = u - y$ 求得，u 表示输入，y 表示输出。推导的理论计算公式，按照控制系统积分环节个数进行分类计算。即，使用开环系统在 S 平面上原点处的极点个数分类，它表示了系统串联积分环节的个数 γ，$\gamma = 0$ 称为 0 型系统，$\gamma = 1$ 称为 I 型系统，$\gamma = 2$ 称为 II 型系统，系统类型与不同输入函数下的稳态误差计算如表 4.3.1 所示。

表 4.3.1　系统类型与不同输入函数下的稳态误差计算

系统型别	静态误差系数			阶跃输入 $r(t) = R_1(t)$	斜坡输入 $r(t) = Rt$	加速度输入 $r(t) = \dfrac{1}{2}Rt^2$
	k_p	k_v	k_a	位置误差 $e_{ss} = \dfrac{R}{1 + k_p}$	速度误差 $e_{ss} = \dfrac{R}{k_v}$	加速度误差 $e_{ss} = \dfrac{R}{k_a}$
0	k	0	0	$\dfrac{R}{1 + k}$	∞	∞

续表

系统型别	静态误差系数			阶跃输入 $r(t) = R_1(t)$	斜坡输入 $r(t) = Rt$	加速度输入 $r(t) = \dfrac{1}{2}Rt^2$
	k_p	k_v	k_a	位置误差 $e_{ss} = \dfrac{R}{1+k_p}$	速度误差 $e_{ss} = \dfrac{R}{k_v}$	加速度误差 $e_{ss} = \dfrac{R}{k_a}$
Ⅰ	∞	k	0	0	$\dfrac{R}{k}$	∞
Ⅱ	∞	∞	k	0	0	$\dfrac{R}{k}$
Ⅲ	∞	∞	∞	0	0	0

2. QUBE – Servo 电压 – 位置开环

通过直流电机电压 – 位置测试, 建立的系统模型为二阶系统传递函数为

$$G(s) = \frac{S_m(s)}{V_m(s)} = \frac{K}{(Ts+1)s} \tag{4-3-1}$$

其中, 系统输出 $S_m(s)$ 为电机/转盘的位置; 系统输入 $V_m(s)$ 为电机电压; K 为模型的稳态增益; T 为模型的时间常数。

设置模型的稳态增益 $K = 23.8$ rad/(V·s), 时间常数 $T = 0.1$ s, 得到开环传递函数为

$$G(s) = \frac{23.8}{(0.1s+1)s} \tag{4-3-2}$$

从式 (4 – 3 – 2) 看出, 电机的电压 – 位置开环系统函数串联一个积分环节, 属于 Ⅰ 型系统。

3. QUBE – Servo 电机加入比例的闭环系统与传递函数

QUBE – Servo 电机位置闭环框图如图 4.3.1 所示。

QUBE – Servo 电机位置闭环传递函数为

$$G(s) = \frac{23.8K}{0.1s^2 + s + 23.8K} \tag{4-3-3}$$

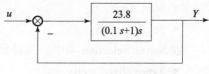

图 4.3.1 电机闭环系统

三、实验步骤

(1) 打开 Simulink, 调用 q_qube_v_position_close_step_steady_error. slx 文件, 通过 "HIL Write Analog" 模块输出直流电机电压、"HIL Read Encoder Timebase" 模块读取直流电机编码器参数、比例模块设置编码器计数值转换角度系数 $\left(\dfrac{2\pi}{512 \times 4}\right)$ 得到当前的位置, 如图 4.3.2 所示。

(2) 在工具栏中单击 "Model Configuration Parameters" 配置硬件模块参数, 如图 4.3.3 所示。

(3) 单击对话框选项 "Solver", 在 Simulation Time 参数下面, 键入参数:

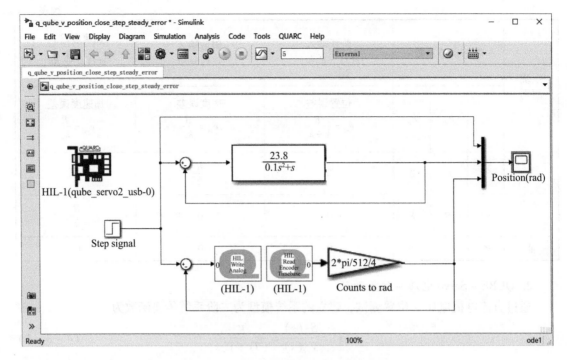

图 4.3.2　输入阶跃信号时电机电压位置

图 4.3.3　配置硬件模块参数

- Start Time：0；
- Stop time：5。

在 Solver Selection 项中，选择固定步长的 ode1 解算器：

- Type：fixed step；
- Solver：ode1（Euler）。

在 Solver Details 中，键入选择当前的仿真步长是 0.002 s，即 Fixed－step size（fundamental sample time）：0.002。相当于设置了硬件的循环速率是 500 Hz，如图 4.3.4 所示。

（4）同时搭接被控对象模型的负反馈系统，添加电机对象二阶系统传递函数［式 4－3－2］模块，设置阶跃信号的开始时间（Step time）为 1 s，结束幅值（Final value）为 20 V。

（5）在打开的 q＿qube＿v＿position＿close＿step＿steady＿error. slx 模型中，打开 HTL－1（qube_servo2_usb－0）函数模块，在"Board type"中选择硬件型号为"qube_servo2_usb"，如图 4.3.5 所示。

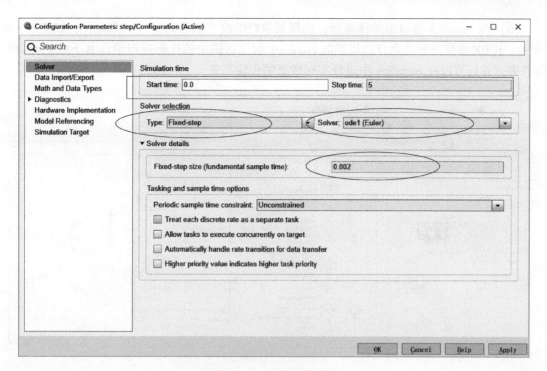

图 4.3.4　配置参数信息

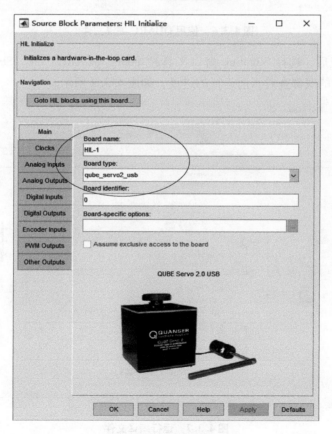

图 4.3.5　配置硬件信息

（6）在 Simulink 窗口中编译运行，选择菜单栏中的"QUARC"→"Build"，如图4.3.6所示。QUBE 提供的驱动会自动将当前 Simulink 程序框图中的代码进行编译并下载到 QUBE 硬件中，并且可以在 Simulink 中进行实时数据的传输和显示。

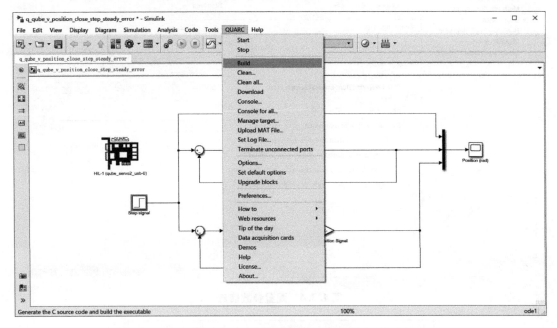

图4.3.6　使用 QUARC 编译文件

（7）编译完成后，选择 Simulink 窗口工具栏中的"QUARC"→"Start"运行，此时，可在 Simulink 窗口的底部查看当前运行的进度，如图4.3.7所示。

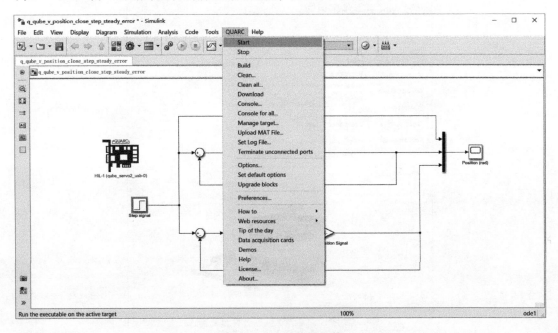

图4.3.7　运行编译文件

（8）单击示波器，查看数学模型与输入信号波形的稳态误差，如图 4.3.8 所示，以及电机与输入信号波形的稳态误差，如图 4.3.9 所示。

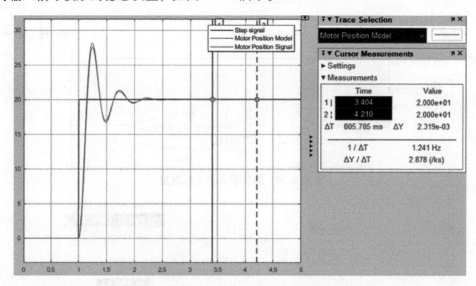

图 4.3.8　阶跃输入与数学模型稳态误差

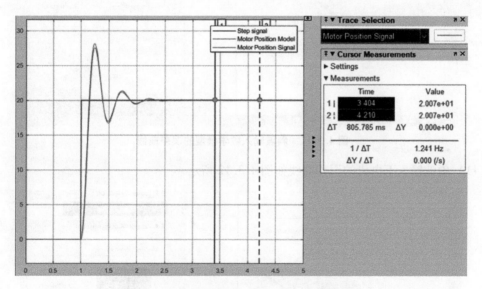

图 4.3.9　电机与输入信号波形的稳态误差

说明：当输入阶跃信号时，数学模型和输入曲线在稳态后重合了，这与表 4.3.1 中 I 型系统在阶跃信号下的稳态误差是 0 相吻合。稳定后值为 20.07，基本上等于激励信号 20，其中的误差来自硬件本身的一些摩擦等实际硬件的影响。

（9）按照步骤（1），调用 "q_qube_v_position_close_ramp_steady_error. slx" 文件，设置斜波输入信号为 0 ~ 5 s 内斜率为 20 的信号，建立的模型文件如图 4.3.10 所示。

（10）同理，按照步骤（2）~（7）单击 "运行"，斜波输入下数学模型的误差曲线如图 4.3.11 所示。

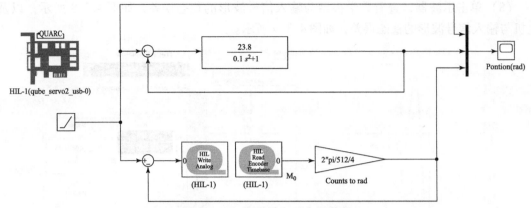

图 4. 3. 10　斜波输入时电机速度

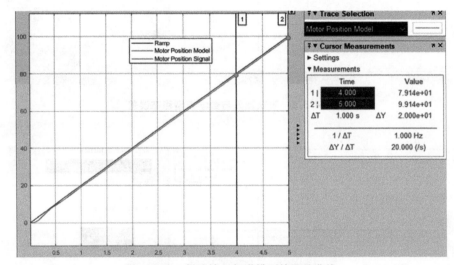

图 4. 3. 11　斜波输入数学模型的误差曲线

（11）斜波输入下电机的误差曲线如图 4. 3. 12 所示。

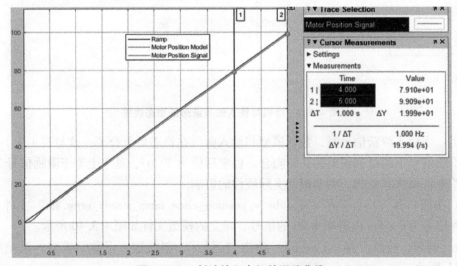

图 4. 3. 12　斜波输入电机的误差曲线

（12）按照步骤（1），调用"q_qube_v_position_close_acc_steady_error. slx"文件，加速度信号通过阶跃加两个积分实现，阶跃信号设置从 1 s 中开始产生一个幅度为 10 V 的静态波形，如图 4.3.13 所示。

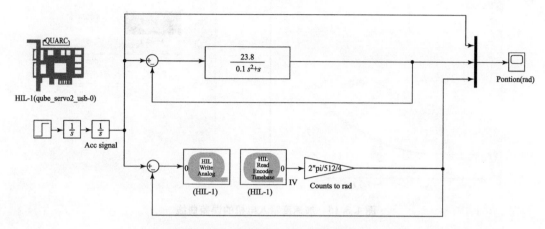

图 4.3.13　加速度输入电机与数学模型仿真

（13）同理，按照步骤（2）~（7）单击"运行"，加速度输入下数学模型的误差曲线如图 4.3.14 所示。

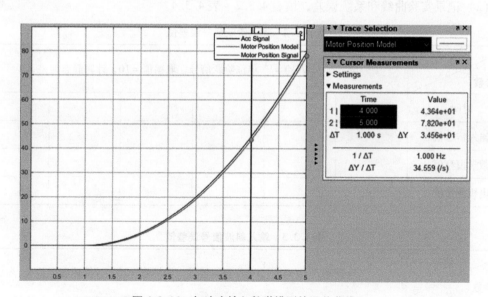

图 4.3.14　加速度输入数学模型的误差曲线

加速度输入下电机的误差曲线如图 4.3.15 所示。

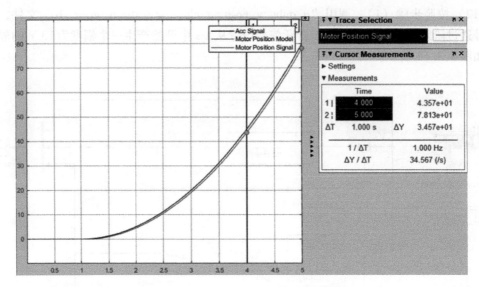

图 4.3.15　加速度输入电机的误差曲线

四、实验报告要求

1. 完成实验

（1）按照实验步骤完成仿真及电机数据采集，观察输出结果。

（2）记录实验曲线和系统误差，填表 4.3.2 ~ 表 4.3.4。

表 4.3.2　输入阶跃信号误差值

参数　　信号	设置输入 $U(s) = \dfrac{1}{s}$ 单位阶跃信号，取幅值 =10，计算静态误差 K_p					
时间						
输入信号值						
数学模型值						
电机测量值						

表 4.3.3　输入斜波信号误差值

参数　　信号	设置输入 $U(s) = \dfrac{1}{s^2}$ 单位斜波信号，取幅值 =20，计算速度误差 K_v					
时间						
输入信号值						
数学模型值						
电机测量值						

表 4.3.4　输入斜波信号误差值

参数 ＼ 信号	设置输入 $U(s) = \dfrac{1}{s^3}$ 单位加速度信号，取幅值 = 10，计算加速度误差 K_a				
时间					
输入信号值					
数学模型值					
电机测量值					

2. 误差分析

完成数学模型仿真与电机测试两组参数的对比分析，并详细说明它们之间的区别、产生误差的原因。

五、思考题

（1）在阶跃激励实验中，为什么激励值设定为 10，而不是 1？

（2）在斜波激励实验中，为什么激励值设定为 20，而不是 1？

（3）在加速度激励实验中，为什么激励值设定为 10，而不是 1？

实验四　基于位置二阶闭环系统的频域分析

一、实验目的

（1）针对 QUBE - Servo 设备，掌握使用频率特性实验建模的方法。

（2）由二阶系统频域特性曲线，分析频域特性参数特征。在实验情况下验证模型的正确性。

二、实验内容

（1）根据不同的角频率 ω，测试电机和电机数学模型的峰值、波峰时间，计算系统的幅值比和相位差，利用半对数坐标图绘图函数，绘制幅频响应和相频响应曲线。

（2）根据频率特性参数，验证模型的正确性。

1. QUBE - Servo 电压 - 位置开环

通过直流电机电压 - 位置测试，建立的系统模型为二阶系统传递函数为

$$G(s) = \frac{S_m(s)}{V_m(s)} = \frac{K}{(Ts + 1)s} \tag{4-4-1}$$

式中，系统输出 $S_m(s)$ 为电机/转盘的位置；系统输入 $V_m(s)$ 是电机电压；K 为模型的稳态增益；T 为模型的时间常数。

设置模型的稳态增益 $K = 23.8\ \text{rad}/(\text{V} \cdot \text{s})$，时间常数 $T = 0.1\ \text{s}$，得到电机开环传递函数为

$$G(s) = \frac{23.8}{(0.1s + 1)s} \tag{4-4-2}$$

2. QUBE – Servo 电机加入比例的闭环系统与传递函数

QUBE – Servo 电机位置闭环系统如图 4.4.1 所示。

QUBE – Servo 电机位置闭环传递函数为

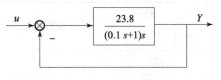

$$G(s) = \frac{23.8}{0.1s^2 + s + 23.8} \qquad (4-4-3)$$

图 4.4.1　电机闭环系统

3. 实验方法

1）频率值选择

根据电机系统电压 – 位置系统的频率范围，实验选取正弦信号的幅值和频率为 0.5，1，2，4，8，16，3，50，64，分别设置电机数学和电机真实硬件的输出，通过计算的幅值比和相位差绘制频率特点曲线。

2）幅值与相位计算

在进行幅值比的测量过程中，通过测量波形寻找波形的波峰 V_{peak}，在波峰的最高点的值是 1/2 波形幅值通过在同一周期中最高点的值进行比较，并且计算出幅值比。也可以在仿真中加入 "TO Workspace" 模块，获得输入，使用 findpeaks( ) 为查找峰值的函数，即 [Yp，tt] = findpeaks(y)，Yp 为阶跃响应曲线的峰值，tt 为峰值对应的点，由 Yp 和 tt 获取幅值和相位，计算幅频特性的幅值：

$$\text{Magnitude}_{dB} = 20\log\left(\frac{V_{signal-peak}}{V_{sine-peak}}\right) \qquad (4-4-4)$$

式中，$V_{sine-peak}$ 为输出激励信号的波峰；$V_{signal-peak}$ 为测量信号的波峰。

根据同一周期中测量波峰的时间差，使用时间差与当前的波形周期进行比较，计算出相位差：

$$\text{Phase} = \frac{t_{sine-peak} - t_{signal-peak}}{T_{sine}} \qquad (4-4-5)$$

式中，$t_{signal-peak}$ 为信号的波峰时间；$t_{sine-peak}$ 为在同周期内输入信号的波峰时间；T_{sine} 是激励信号的周期，由公式

$$T_{sine} = \frac{2\pi}{f_{rad/s}} \qquad (4-4-6)$$

可以得到，$f_{rad/s}$ 是 Simulink 中正弦输入模块中设置的频率（rad/s）。

三、实验步骤

（1）打开 Simulink，调用 "q_qube_v_position_open_Sine. slx" 文件，通过 "HIL Write Analog" 模块输出直流电机电压，通过 "HIL Read Encoder Timebase" 模块读取直流电机编码器参数，通过比例模块 1 设置系统的比例系数 $\left(\frac{2\pi}{512 \times 4}\right)$、比例模块 2 设置编码器计数值转换角度系数，得到当前的位置值，如图 4.4.2 所示。

（2）在工具栏中单击 "Model Configuration Parameters" 配置硬件模块参数，如图 4.4.3 所示。

（3）单击对话框选项 "Solver"，在 Simulation Time 参数下面，键入参数值：

- Start Time：0；
- Stop time：20。

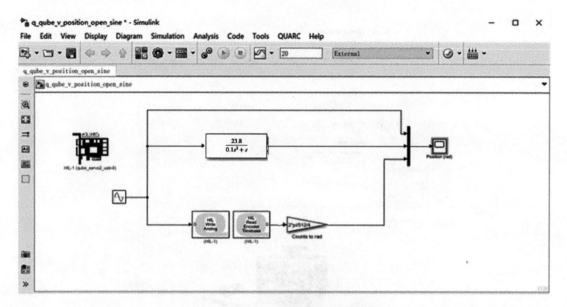

图 4.4.2　$K = 0.05$ 时电机电压位置

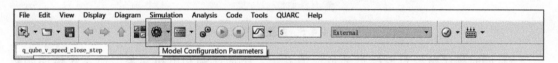

图 4.4.3　配置硬件模块参数

在 Solver Selection 项中，选择固定步长的 ode1 解算器：

- Type：fixed step；
- Solver：ode1（Euler）。

在 Solver Details 中，选择当前的仿真步长是 0.001 s，即 Fixed – step size（fundamental sample time）：0.002。该值相当于设置了硬件的循环速率为 1 000 Hz，如图 4.4.4 所示。

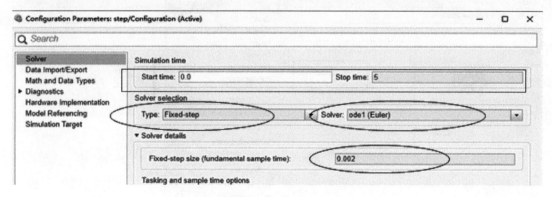

图 4.4.4　配置参数信息

（4）在打开的"q_qube_v_position_open_Sine. slx"模型中，打开"HTL – 1（qube_servo2_usb – 0）"模块，在"Board type"模块中，选择硬件型号为"qube_servo2_usb"，如图 4.4.5 所示。

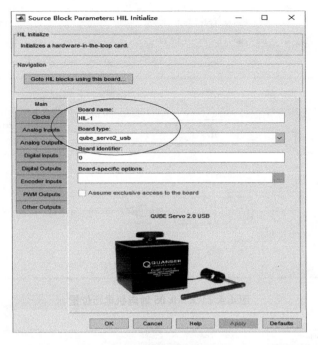

图 4.4.5 配置硬件信息

（5）同时搭接被控对象模型的负反馈系统，添加比例和电机对象二阶系统传递函数 ［式（4－1－2）］模块，设置正弦输入从 1 s 开始产生一个幅度为 2 V，频率为 0.5 rad/s 的 正弦波形。

（6）在 Simulink 窗口中编译运行，选择菜单栏中的"QUARC"→"Build"，如图 4.4.6

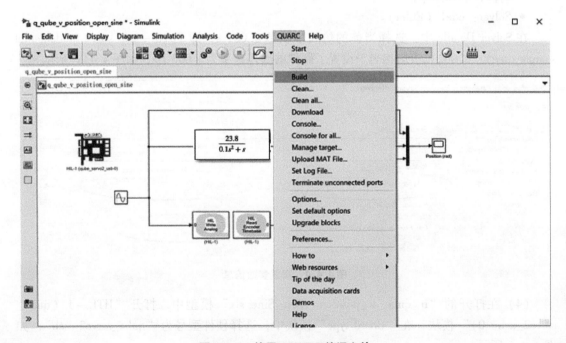

图 4.4.6 使用 QUARC 编译文件

所示。QUBE 提供的驱动会自动将当前的 Simulink 程序框图中的代码进行编译并下载到 QUBE 硬件中，并且可以在 Simulink 中进行实时数据的传输和显示。

（7）编译完成后，选择 Simulink 窗口工具栏中的"QUARC"→"Start"，此时，可在 Simulink 窗口的底部查看当前运行的进度，如图 4.4.7 所示。

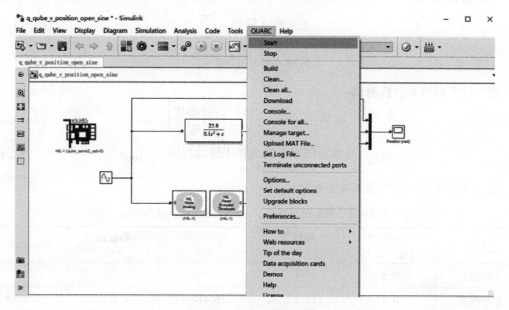

图 4.4.7　运行编译文件

（8）单击示波器，查看数学模型仿真和电机硬件波形，如图 4.4.8 所示，单击"Tools"→"Measurements"→"Peak Finder"，"Tools"→"Measurements"→"Cursor Measurements"打开测量窗口。选择每个波峰信号进行测量，使用示波器标尺工具将数学模型波峰放大，再放大电机信号，测量结果如图 4.4.8 所示。

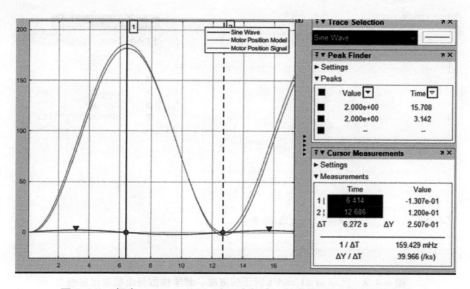

图 4.4.8　频率 $\omega = 0.5$ rad/s 时正弦激励、数学模型与电机输出曲线

说明：由图4.4.8可知，根据式（4-4-4）～式（4-4-6）可以求得在正弦频率 $\omega = 0.5$ rad/s时，计算数学模型与电机在该频率下的幅值比与相位差见式（4-4-7）～式（4-4-10）。

对于正弦输入：

$$正弦输入周期 = \frac{2\pi}{\omega} \qquad (4-4-7)$$

$$正弦输入峰值时间 = \frac{\pi}{2\omega} \qquad (4-4-8)$$

对于数学模型及电机测试：

$$幅值比 = 20\log\left(\frac{输出信号幅值}{正弦信号幅值}\right) \qquad (4-4-9)$$

$$相位 = \frac{(正弦峰值时间 - 输出峰值时间)}{2\pi/\omega} \times 360° \qquad (4-4-10)$$

由公式计算的结果如表4.4.1所示。

表4.4.1　激励信号频率 $\omega = 0.5$ rad/s 时的频率特性

信号源	频率 /(rad·s^{-1})	峰峰值 /V	波峰时间 /s	幅值比 /dB	相位/(°)
正弦信号	0.5	4	3.142		
数学模型	0.5	185.206 2	6.414	33.311 9	93.783 4
电机	0.5	178.701	6.4	33.001 3	93.382 2

（9）按照步骤（5）～（8）修改正弦信号频率为 1～64 rad/s，重新编译运行，针对每个频率点需要运行程序 magandpha.m，计算模型和电机的幅值比与相位差，也可从示波器的输出结果中计算幅值比与相位差，输出曲线如图4.4.9～图4.4.16所示。

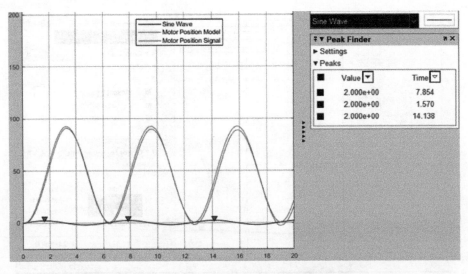

图4.4.9　频率 $\omega = 1$ rad/s 时正弦激励、数学模型与电机输出曲线

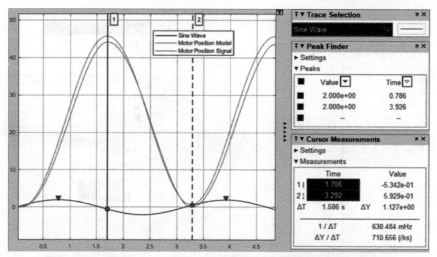

图 4.4.10 频率 $\omega = 2$ rad/s 时正弦激励、数学模型与电机输出曲线

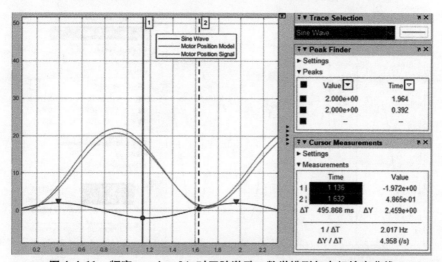

图 4.4.11 频率 $\omega = 4$ rad/s 时正弦激励、数学模型与电机输出曲线

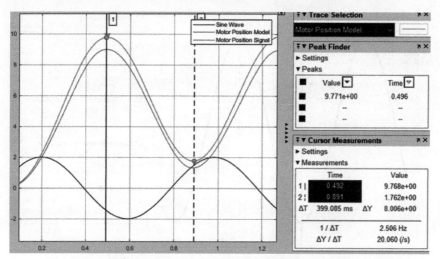

图 4.4.12 频率 $\omega = 8$ rad/s 时正弦激励、数学模型与电机输出曲线

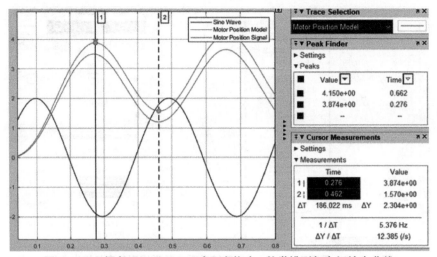

图 4.4.13　频率 $\omega = 16$ rad/s 时正弦激励、数学模型与电机输出曲线

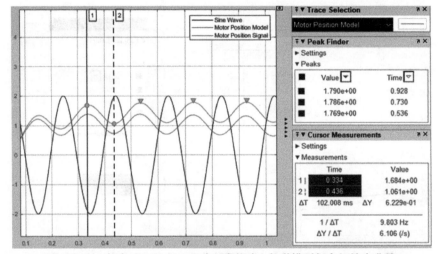

图 4.4.14　频率 $\omega = 32$ rad/s 时正弦激励、数学模型与电机输出曲线

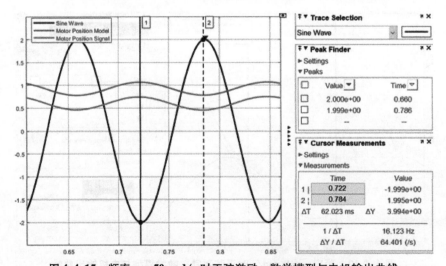

图 4.4.15　频率 $\omega = 50$ rad/s 时正弦激励、数学模型与电机输出曲线

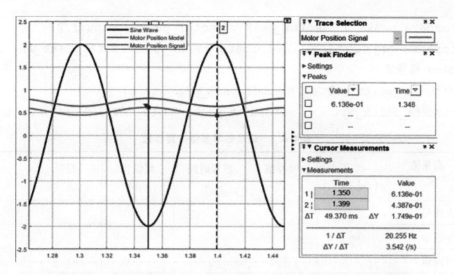

图 4.4.16　频率 $\omega = 64$ rad/s 时正弦激励、数学模型与电机输出曲线

四、实验报告要求

1. 完成实验

（1）按照实验步骤完成仿真及电机数据采集，观察输出结果。

（2）记录实验曲线和系统动态性能参数。

（3）运行计算模型和电机的幅值比与相位差程序代码（magandpha. m）或从波形上计算幅值比与相位差，填写表 4.4.2。

```
clear;  load('sine.mat')
sinedata = sine.';   %向量转置
sinetime = sinedata(:,1);        %取正弦时间
inputdata = sinedata(:,2);
motordata = sinedata(:,4);
delta_t = sinetime(2) - sinetime(1);                %采样间隔
[peak_v,peak_p] = findpeaks(inputdata);            %求输入信号峰值点
Peaks_N = length(peak_v);                          %求峰值个数
peaks_n = floor(Peaks_N/2);                        %峰值个数/2
T = delta_t*(peak_p(peaks_n + 1) - peak_p(peaks_n)); %求输入信号的周期
W = 2* pi/T                                %取角频率 ω
motor_peakrawdata = motordata(peak_p(peaks_n):peak_p(peaks_n + 1));
%取电机中间两个峰值点波形数据
[motor_peak_v,motor_peak_p] = max(motor_peakrawdata);
%取电机中间两个峰值间数最大值
[motor_peak_v_minus,motor_peak_p_minus] = min(motor_peakrawdata);
%取电机中间两个峰值间数最小值
sinedata_peaks_v = peak_v(peaks_n);              %取输入信号峰值
```

```
motordata_peaks_v = (motor_peak_v-motor_peak_v_minus)/2;
motordata_mag =20*log10(motordata_peaks_v/sinedata_peaks_v)
%Motor 幅值比
motordata_peaks_delta_t =motor_peak_p*delta_t;
motordata_delta_phase = -motordata_peaks_delta_t/T*360   %计算 Motor 相位
```

表 4.4.2　记录数学模型仿真参数

参数　　测量值	频率 /(rad·s⁻¹)	峰峰值 /V	波峰时间 /s	幅值比 /dB	相位 /(°)	ω_6
输入信号						
数学模型	ω_1					
电机测量						
输入信号						
数学模型	ω_2					
电机测量						
输入信号						
数学模型	ω_3					
电机测量						
输入信号						
数学模型	ω_4					
电机测量						
输入信号						
数学模型	ω_5					
电机测量						
输入信号						
数学模型	ω_6					
电机测量						
输入信号						
数学模型	ω_7					
电机测量						
输入信号						
数学模型	ω_8					
电机测量						

2. 针对 QUBE - Servo 电机系统电压速度模型值绘制 Bode 图

运行以下程序, 绘制 Bode 图, 如图 4.4.17 所示。

```
Frequency = [0.5,1,2,4,8,16,32,50,64];
Motor_mag = [33.00,27.00,20.85,13.94,5.67, -4.70, -15.76, -23.03, -27.2];
Motor_pha = [ - 93.38, - 98.14, - 105.48, - 117.86, - 135.75, - 155.92, - 165.1,
-166.2, -176.1];
subplot(2,1,1)
semilogx(Frequency,Motor_mag);gridon;
title('Motor Bode Mag');
subplot(2,1,2)
  semilogx(Frequency,Motor_pha)
axis([0 100   -180 0]);gridon;
```

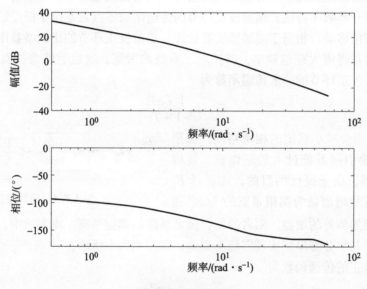

图 4. 4. 17　Bode 图

3. 实验分析

完成数学模型仿真与电机测试两组参数的对比分析，并详细说明它们之间的区别、产生误差的原因。

五、思考题

（1）测试频率特性的意义是什么？

（2）测量频率特性时，随着频率改变对输入信号的幅值是否有要求？测量不同被控对象时，需要改变幅值吗？

（3）测量该系统的频率特性时，频率增加对系统的输出有什么影响？

实验五　基于电机的二阶系统的超前校正

一、实验目的

（1）根据 QUBE – Servo 电机位置伺服系统，掌握超前校正对系统动态指标的影响。

（2）掌握不同性指标对设计校正参数的影响。

二、实验内容

1. 超前校正环节

超前校正的目的是提高系统的动态性能指标，利用相位超前校正环节增大系统的相位裕度，改变系统的开环频率特性。超前校正环节的传递函数零点总是位于极点的右方，它使系统产生一个正相位移动，相当于高通滤波器设计。超前校正环节的比例增益用于获得某个穿越频率，提高增益将增大穿越频率，即扩展了系统的带宽，这也意味着提高了系统响应速度。超前或滞后校正环节的一般传递函数为

$$G_c = K_c \frac{1 + \alpha Ts}{1 + Ts} \qquad (4-5-1)$$

若增益 $K_c > 1$，则会减小系统的相角裕度；如果 K_c 选择过大，会引起系统过大的超调量，使得系统稳定性减弱，出于设计的目的，应选择 K_c 使其对系统带宽的增加量为期望带宽的 $1/2$。超

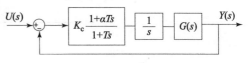

图 4.5.1　超前校正框图

前校正环节会增加额外的增益。两者的结合满足系统的期望带宽。本实验中，将设计一个超前校正环节，并与积分器串联实现零稳态误差，如图 4.5.1 所示。

此时超前校正的传递函数为

$$G_c = K_c \frac{1 + \alpha Ts}{(1 + Ts) s} \qquad (4-5-2)$$

2. 超前校正环节参数

超前校正的两个主要参数为期望的相角裕量和期望的穿越频率。相角裕量主要影响响应的形状。相角裕量越高，系统的稳定性越好，超调量越小。一般按照相位在 $40° \sim 80°$ 设计系统相角裕量，此时的超调量 $<5\%$。穿越频率定义为 Bode 图上增益为 1 的频率点，它主要影响系统的响应速度、穿越频率值。本实验按照相位裕量为 $70°$ 且时域指标超调量 $M_p \leqslant 5\%$，稳态时间 $t_s \leqslant 0.1\ \text{s}$ 进行设计超前校正，校正环节的计算方法见第 2 章实验七，这里不再赘述。

3. QUBE – Servo 电压 – 速度开环传递函数

设计超前校正环节，通过与积分环节串联保证零稳态误差。为了达到设计超前校正环节的目的，我们假设积分环节为被控对象的一部分。根据直流电机电压 – 速度建立的一阶系统传递函数为

$$G(s) = \frac{S_m(s)}{V_m(s)} = \frac{K}{(Ts+1)} \frac{1}{s} = \frac{K}{(Ts+1)s} \qquad (4-5-3)$$

式中，系统输出 $S_m(s)$ 为电机/转盘的位置；系统输入 $V_m(s)$ 是电机电压；K 为模型的稳态

增益；T 为模型的时间常数。

若设置模型的稳态增益 $K = 23.8$ rad/$($V $-$ s$)$，时间常数 $T = 0.1$ s，得到电机开环传递函数为

$$G(s) = \frac{23.8}{(0.1s + 1)s} \tag{4-5-4}$$

三、实验步骤

（1）根据系统传递函数式（4-5-4）绘制系统的 Bode 图，得到原系统的相位裕量。

（2）参考第 2 章例 2-7-1 或例 2-7-2 方法计算超前校正传递函数。

（3）根据图 4.5.1 校正设计，使用 Simulink 搭建数学模型和电机模型测试框图，通过 "HIL Write Analog" 模块输出直流电机电压、"HIL Read Encoder Timebase" 模块读取直流电机编码器参数、比例模块设置编码器计数值转换角度系数 $\left(\dfrac{2\pi}{512 \times 4}\right)$，得到当前的位置值。同时搭接被控对象模型的负反馈系统，添加电机对象传递函数 ［式（4-5-4）］ 模块和校正模块，设置阶跃信号的开始时间（Step time）为 1 s，结束幅值（Final value）为 1 V。

输入阶跃信号时电机电压 – 速度如图 4.5.2 所示。

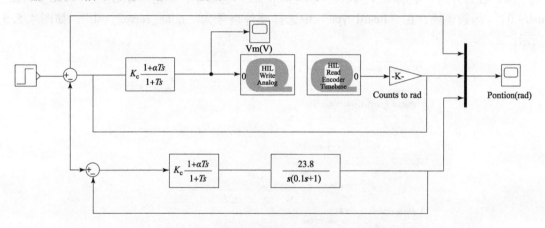

图 4.5.2　输入阶跃信号时电机电压 – 速度

（4）在工具栏中单击 "Model Configuration Parameters" 配置硬件模块参数，如图 4.5.3 所示。

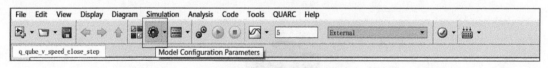

图 4.5.3　配置硬件模块参数

（5）单击对话框选项 "Solver"，在 "Simulation Time" 参数下面，键入参数：

- Start Time：0；
- Stop time：5。

在 "Solver Selection" 项中，选择固定步长的 ode1 解算器：

- Type：fixed step；

● Solver：ode1（Euler）。

在"Solver Details"中，选择当前的仿真步长是 0.002 s，即 Fixed – step size（fundamental sample time）：0.002。该值相当于设置了硬件的循环速率是 500 Hz，如图 4.5.4 所示。

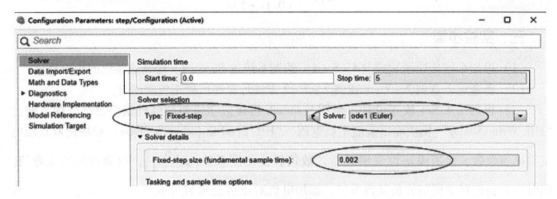

图 4.5.4 配置参数信息

(6) 在打开的"q_qube_v_speed_close_step. slx"模型中，双击"HTL – 1（qube_servo2_usb – 0）"函数模块，在"Board type"中选择硬件型号为"qube_servo2_usb"，如图 4.5.5 所示。

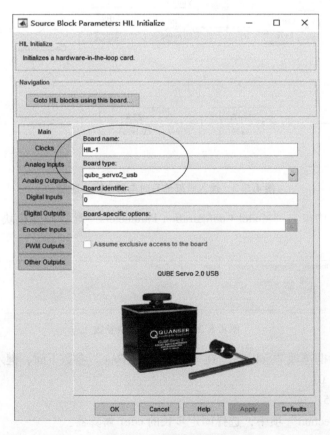

图 4.5.5 配置硬件信息

（7）在 Simulink 窗口中编译运行，选择菜单栏中的"QUARC"→"Build"，QUBE 提供的驱动会自动将当前 Simulink 程序框图中的代码进行编译并下载到 QUBE 硬件中，并且可以在 Simulink 中进行实时数据的传输和显示。

（8）编译完成后，选择 Simulink 窗口工具栏中的"QUARC"→"Start"运行，此时，可在 Simulink 窗口的底部查看当前运行的进度。

（9）查看是否满足时域指标，若满足，按照第 4 章实验五的方法绘制 Bode 图；判断是否满足频域特性指标，若不满足，需重新设计校正环节。

四、实验报告要求

（1）按照实验步骤完成校正环节参数设计。

（2）记录时域和频域实验曲线，填写表 4.5.1。

（3）若输出响应不能满足给定指标要求，尝试重新设计控制参数，直到满足为止，绘制时域和频域特性曲线。

表 4.5.1　数学模型与电机测试的动态指标参数

指标　　　参数		相位裕量	穿越频率	超调量	稳态时间	上升时间	峰值时间	稳态误差
模型校正前								
电机校正前								
$K_c =$ $T =$ $\alpha =$	模型校正后							
	电机校正后							

五、实验分析

1. 说明校正环节参数 α、T 变化对输出动态特性的影响。

2. 根据数学模型仿真与电机测试二组参数对比分析，说明模型与电机校正后产生的误差及原因。

六、思考题

（1）说明校正参数设计中，校正后相位 PM_d 和校正环节参数大小对校正的作用。

（2）针对该电机对象传递函数，可使用滞后校正进行设计吗？

实验六　基于电机的二阶系统 PD 控制器设计

一、实验目的

（1）根据 QUBE - Servo 电机位置伺服系统，掌握 PID 控制器的作用。

（2）掌握比例 - 微分（PD）控制参数对系统动态指标的影响。

二、实验内容

（1）改变比例增益 K_p 和微分时间系数 K_d，分别测试数学模型和电机的动态特性。

（2）针对 QUBE – Servo 电机系统和数学模型，给定超调量和稳态时间性能指标，设计 PD 控制参数，验证系统是否达到给定指标。

1. QUBE – Servo 电压 – 位置开环

通过直流电机电压 – 位置测试，建立的系统模型为二阶开环系统传递函数为

$$G(s) = \frac{S_m(s)}{V_m(s)} = \frac{K}{(Ts+1)s} \tag{4-6-1}$$

式中，系统输出 $S_m(s)$ 为电机/转盘的位置；系统输入 $V_m(s)$ 是电机电压；K 为模型的稳态增益；T 为模型的时间常数。

若设置模型的稳态增益 $K = 23.8\ \text{rad}/(\text{V}\cdot\text{s})$，时间常数 $T = 0.1\ \text{s}$，得到电机开环传递函数为

$$G(s) = \frac{23.8}{(0.1s+1)s} \tag{4-6-2}$$

2. QUBE – Servo 电机加入 PD 控制的闭环系统与传递函数

1）PD 控制框图

积分项将不被用于伺服位置控制，本实验是经典 PD 控制的一个变体，即使用比例 – 速度（PV）控制的方法实现 PD 控制。与标准 PD 控制的不同之处是将负的速度值作为反馈量（即非误差的速度），同时在微分项嵌入一低通滤波器，实现对测量噪声的抑制。一阶低通滤波器与微分项组合，得到一高通滤波器 $H(s)$，用于代替直接的微分，PV 控制结构如图 4.6.1 所示。

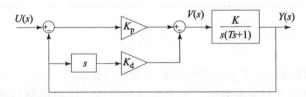

图 4.6.1　电机闭环 PV 控制结构

由图 4.6.1 可获得 QUBE – Servo 电机位置闭环控制传递函数：

$$Y(s) = \frac{K}{s(Ts+1)}(K_p(U(s) - Y(s)) - K_d s Y(s))$$

$$G(s) = \frac{Y(s)}{U(s)} = \frac{K \cdot K_p}{Ts^2 + (1 + K \cdot K_d)s + K \cdot K_p} \tag{4-6-3}$$

2）控制器参数与性能指标关系

根据标准的二阶系统传递函数：

$$G(s) = \frac{Y(s)}{U(s)} = \frac{\omega_n^2}{s^2 + 2\zeta\omega_n S + \omega_n^2} \tag{4-6-4}$$

将式（4-6-3）与式（4-6-4）对应关系相等，得

$$\omega_n = \frac{K \cdot K_p}{T}, \quad 2\xi\omega_n = \frac{1 + K \cdot K_d}{T} \tag{4-6-5}$$

根据式（4-6-5）可得 PD 控制参数的 K_p 和 K_d 计算式：

$$K_p = \frac{T\omega_n^2}{K}, \quad K_d = \frac{2\zeta\omega_n T - 1}{K} \tag{4-6-6}$$

三、实验步骤

（1）根据图 4.6.1 所述 PV 控制器，将微分 s 用低通滤波器 $100s/(s+100)$ 替代，使用 Simulink 搭建数学模型和电机模型测试框图，通过 "HIL Write Analog" 模块输出直流电机电压、"HIL Read Encoder Timebase" 模块读取直流电机编码器参数、比例模块设置编码器计数值转换角度系数 $\left(\dfrac{2\pi}{512 \times 4}\right)$，得到当前的位置值，如图 4.6.2 所示。

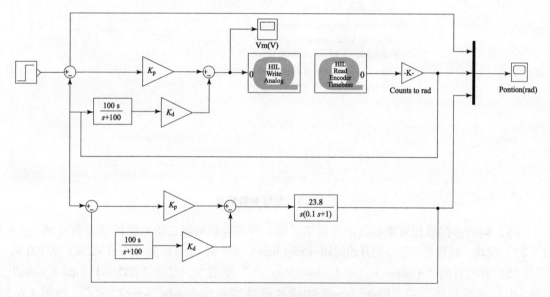

图 4.6.2　输入阶跃信号时电机电压 – 速度

（2）在工具栏中单击 "Model Configuration Parameters" 配置硬件模块参数，如图 4.6.3 所示。

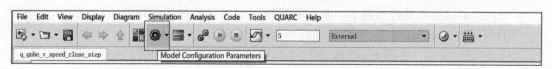

图 4.6.3　配置硬件模块参数

（3）单击对话框选项 "Solver"，在 Simulation Time 参数下面，键入参数：

- Start Time：0；
- Stop time：5。

在 Solver Selection 项中，选择固定步长的 ode1 解算器：

- Type：fixed step；

- Solver：ode1 （Euler）。

在 Solver Details 中，选择当前的仿真步长是 0.002 s，即 Fixed – step size （fundamental sample time）：0.002。该值相当于设置了硬件的循环速率是 500 Hz，如图 4.6.4 所示。

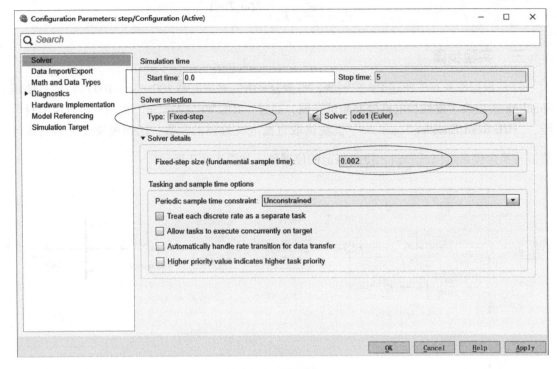

图 4.6.4　配置参数信息

（4）同时搭接被控对象模型的负反馈系统，添加电机对象二阶系统传递函数 ［式（4 – 1 – 2）］模块，设置阶跃信号的开始时间（Step time）为 1 s，结束幅值（Final value）为 100 V。

（5）在打开的"q_qube_v_speed_close_step. slx"模型中，双击"HTL – 1（qube_servo2_usb – 0）"函数模块，在"Board type"中选择硬件型号为"qube_servo2_usb"，如图 4.6.5 所示。

（6）设置增益 $K_p = 1 \sim 4$ V/rad 之间的一个值，微分增益 k_d 在 $0 \sim 0.2$ 之间的一个值，在 Simulink 窗口中编译运行，选择菜单栏中的"QUARC"→"Build"，如图 4.6.6 所示。QUBE 提供的驱动会自动将当前 Simulink 程序框图中的代码进行编译并下载到 QUBE 硬件中，并且可以在 Simulink 中进行实时数据的传输和显示。

（7）编译完成后，选择 Simulink 窗口工具栏中的"QUARC"→"Start"运行，此时，可在 Simulink 窗口的底部查看当前运行的进度，如图 4.6.7 所示。

（8）给定动态性能指标超调量 $M_p \leqslant 5\%$，稳态时间 $t_s \leqslant 0.1$ s，根据第 3 章实验四 PID 参数设计方法计算 K_p 和 K_d 的值，添加到图 4.6.2 中，测试数学模型与电机信号波形并观测是否满足了给定动态特性指标，若不满足，需重新进行设计直至满足为止。

（9）最后观测电机的圆盘位置是否与测试曲线相符合，圆盘位置的计算方法是：最后稳态达到的角度/2π 为转动角度。

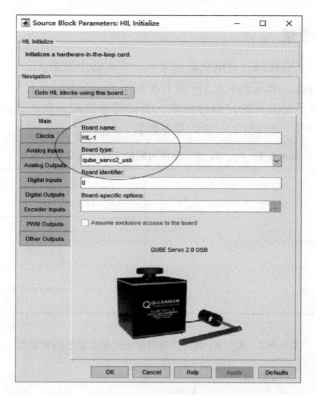

图 4.6.5　配置硬件信息

图 4.6.6　使用 QUARC 编译文件

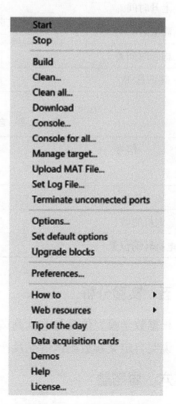

图 4.6.7　运行编译文件

四、实验报告要求

（1）按照实验步骤完成仿真及电机数据采集，观察输出结果。

（2）记录实验曲线，填写表 4.6.1 ~ 表 4.6.3。

（3）若输出响应不能满足给定指标要求，尝试调节控制参数，直到满足为止，绘制响应曲线并说明上升时间、峰值时间、超调量等参数。

表 4.6.1 K_p、K_d 为不同值时的数学模型动态指标参数

信号 / 参数	$K_p =$ $K_d =$	$K_p =$ $K_d =$	$K_p =$ $K_d =$	$K_p =$ $K_d =$	$K_p =$ $K_d =$
上升时间 t_r					
峰值时间 t_p					
稳态时间 t_s					
超调量 M_p					

表 4.6.2 K_p、K_d 为不同值时的电机测试动态指标参数

信号 / 参数	$K_p =$ $K_d =$	$K_p =$ $K_d =$	$K_p =$ $K_d =$	$K_p =$ $K_d =$	$K_p =$ $K_d =$
上升时间 t_r					
峰值时间 t_p					
稳态时间 t_s					
超调量 M_p					

表 4.6.3 自行设计动态指标计算 K_p、K_d 控制参数

信号 / 参数	方法 1		方法 2	
数学模型	$K_p =$	$K_d =$	$K_p =$	$K_d =$
电机测试	$K_p =$	$K_d =$	$K_p =$	$K_d =$
电机转动位置				

五、实验分析

根据数学模型仿真与电机测试两组参数的对比分析，说明 K_p 和 K_d 参数变化对输出的影响，说明自定义参数测试情况及产生的误差。

六、思考题

（1）在电机非饱和情况（电压超出 ±10 V）下，所测得的超调量和峰值时间与 K_p、K_d

的关系是怎样的?

(2) 为什么 QUBE – Servo 2 的响应存在稳态误差, 而从其传递函数得到的响应却没有?

(3) 设置 $K_p = 2.5$ V/rad 不变, 将微分增益 K_d 在 $0 \sim 0.15$ V/(rad · s) 间调节。该值如何影响位置响应?

实验七 基于电机的离散系统分析

一、实验目的

(1) 理解零阶保持器在系统中的作用。

(2) 分析不同采样时间间隔 T 对稳定性的影响。

二、实验内容

采样和量化是离散系统中十分重要的两个信号处理过程。在计算机控制系统中是通过数据采集卡来实现模拟信号到离散信号的转化。在 QUBE 中, 内置了一块数据采集卡 DAQ 实现了计数器信号到计算机输入以及计算机输出到电机控制的信号转换。

控制系统使用 Z 变换表示时域信号变换到复频域信号, 它是处理离散时间信号的重要工具和途径。

1) QUBE – Servo 电压 – 位置闭环

通过直流电机电压 – 位置测试, 建立的系统模型为二阶系统, 开环传递函数为

$$G(s) = \frac{S_m(s)}{V_m(s)} = \frac{K}{(Ts + 1)s} = \frac{23.8}{(0.1s + 1)s} \qquad (4 - 7 - 1)$$

式中, 系统输出 $S_m(s)$ 为电机/转盘的速度; 系统输入 $V_m(s)$ 为电机电压; K 为模型的稳态增益; T 为模型的时间常数。

设置模型的稳态增益 $K = 23.8$ rad/(V · s), 时间常数 $T = 0.1$ s。

2) QUBE – Servo 电机模型离散化

QUBE – Servo 电机离散闭环系统框图如图 4.7.1 所示。

经过离散 Z 变换后, $Z\left[\frac{23.8(1 - e^{-is})}{s^2(S + 0.1)}\right]$ 得到

离散开环传递函数, 其中 T 为采用时间间隔。根

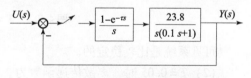

图 4.7.1 离散闭环系统框图

据公式可知, 离散系统的稳定性与采样时间的间隔 T 有直接关系, 根据离散系统闭环特征方程的系数, 可使用朱利判据 (Jury) 进行稳定性判定, 性判定。即离散系统稳定的充要条件是: 特征方程 $A(z) = 0$ 的根全部落入 Z 平面的单位圆内, 若落在单位圆上是临界稳定, 其他为不稳定。

3) 采用间隔的选取

计算根据已经得到的电压 – 位置的开环传递函数, 计算在特定采样间隔下离散域中的 Z 变换, 分别选取采样间隔 $T = 0.01$ s, 0.05 s, 0.1 s 和 0.15 s 进行测试, 使用 MATLAB 程序计算的 Z 变换程序为 "discreate_stability_position. m", 其程序代码为

```
clc;v_position_open = tf(23.8,[0.1,1,0]);
i = 0;
for T = [0.01,0.05,0.1,0.12]
i = i +1;
v_position_open_Z = c2d(v_position_open,T,'zoh');
v_position_close_Z = feedback(v_position_open_Z,1)
figure(i);step(v_position_close_Z)
end
```

运行结果：

（1）$T = 0.01$ 时，离散传递函数为

$$v\_position\_close\_Z = \frac{0.01151\ z +0.01114}{z^2 -1.893\ z +0.916}$$

阶跃响应曲线如图 4.7.2 所示。

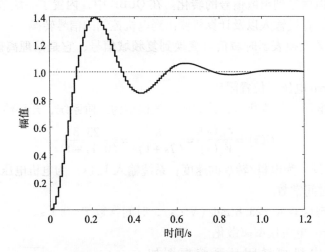

图 4.7.2　$T = 0.01$ s 时离散闭环系统

可见系统是比较稳定的。

（2）$T = 0.05$ 时，离散传递函数为

$$v\_position\_close\_Z = \frac{0.2535\ z +0.2147}{z^2 -1.353\ z +0.8212}$$

阶跃响应曲线如图 4.7.3 所示。

可见系统是稳定的，有较大超调量。

（3）$T = 0.1$ 时，离散传递函数为

$$v\_position\_close\_Z = \frac{0.8756\ z +0.6289}{z^2 -0.4923\ z +0.9968}$$

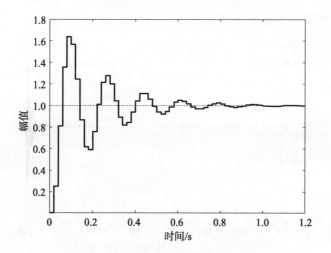

图 4.7.3　$T = 0.05\ s$ 时离散闭环系统

阶跃响应曲线如图 4.7.4 所示。

可见系统是稳定的，但稳定性较差。

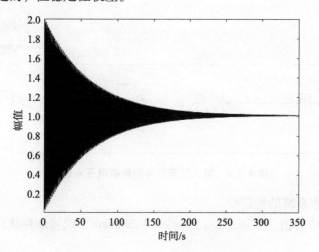

图 4.7.4　$T = 0.1\ s$ 时离散闭环系统

（4）$T = 0.12$ 时，离散传递函数为

```
v_position_close_Z =      1.193 z + 0.8029
                      -----------------------
                      z^2 - 0.1084 z + 1.104
```

阶跃响应曲线如图 4.7.5 所示。

可见系统已经不稳定了。

三、实验步骤

（1）在 Simulink 中打开 "q_qube_new_discrete_stability. slx" 文件，搭建数学模型与电机测试，通过零阶保持器 Zero – Order Hold 函数设置采样时间为 0.01，设置阶跃信号的开始时间（Step time）为 1 s，结束幅值（Final value）为 1 V，搭建模型如图 4.7.6 所示。通过

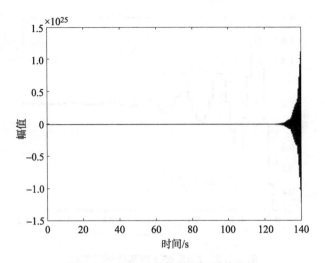

图 4.7.5　$T = 0.12\ s$ 时离散闭环系统

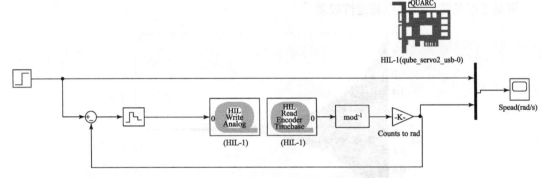

图 4.7.6　输入阶跃信号时电机电压 – 速度

阶跃函数响应来观察系统的稳定性。

（2）在工具栏中单击 "Model Configuration Parameters" 配置硬件模块参数，如图 4.7.7 所示。

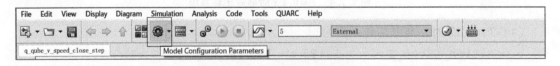

图 4.7.7　配置硬件模块参数

（3）单击对话框选项 "Solver"，在 Simulation Time 参数下面，键入参数：
- Start Time：0；
- Stop time：5。

在 Solver Selection 项中，选择固定步长的 ode1 解算器：
- Type：fixed step；
- Solver：ode1（Euler）。

在 Solver Details 中，选择当前的仿真步长是 0.001 s，即 Fixed – step size（fundamental sample time)：0.001。该值相当于设置了硬件的循环速率是 1 000 Hz，如图 4.7.8 所示。

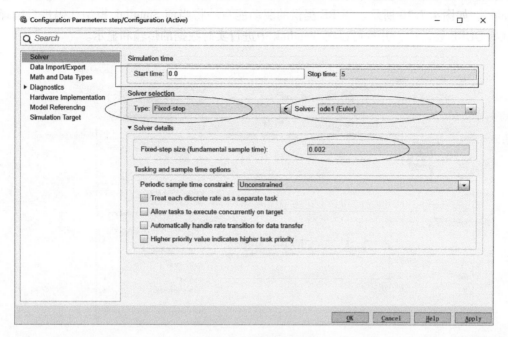

图 4.7.8　配置参数信息

（4）在打开的"q_qube_v_speed_close_step. slx"模型中，双击"HTL – 1（qube_servo2_ usb –0)"函数模块，在"Board type"中选择硬件型号为"qube_servo2_usb"，如图 4.7.9 所示。

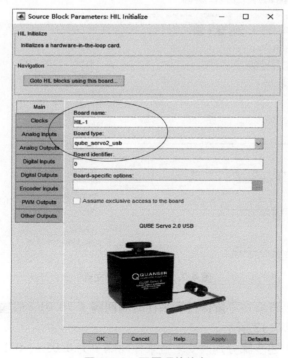

图 4.7.9　配置硬件信息

（5）设置增益 K 为 0.1，在 Simulink 窗口中编译运行，选择菜单栏中的"QUARC"→"Build"，如图 4.7.10 所示。QUBE 提供的驱动能自动将当前 Simulink 模型代码进行编译并下载到 QUBE 硬件中，并且可以在 Simulink 中进行实时数据的传输和显示。

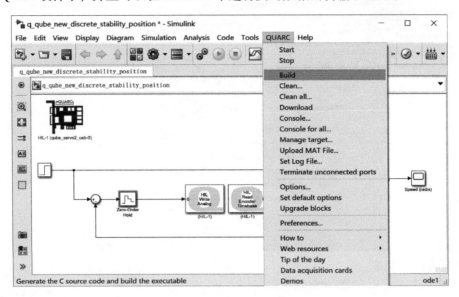

图 4.7.10　使用 QUARC 编译文件

（6）编译完成后，选择 Simulink 窗口工具栏中的"QUARC"→"Start"运行，此时，可在 Simulink 窗口的底部查看当前运行的进度，如图 4.7.11 所示。

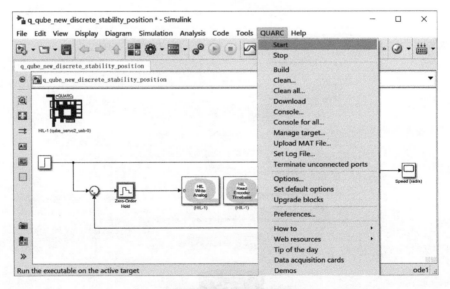

图 4.7.11　运行编译文件

（7）单击示波器，查看在零阶保持器采样时间间隔 $T=0.01$ s 时输入阶跃、数学模型与电机信号波形，如图 4.7.12 所示。

（8）同理，按照上述步骤分别改变增益采样间隔 T 为 0.05 s、0.1 s、0.12 s，测试结果如图 4.7.13～图 4.7.15 所示。

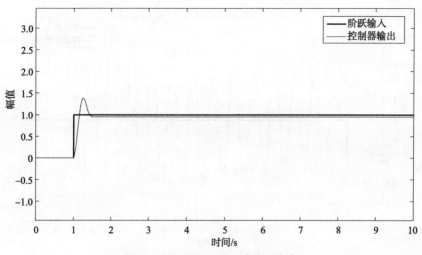

图 4.7.12　$T = 0.01\ s$ 时阶跃响应

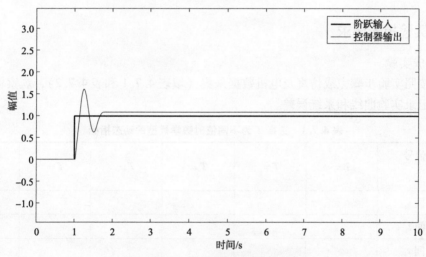

图 4.7.13　$T = 0.05\ s$ 时阶跃响应

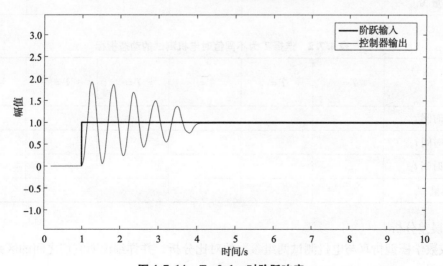

图 4.7.14　$T = 0.1\ s$ 时阶跃响应

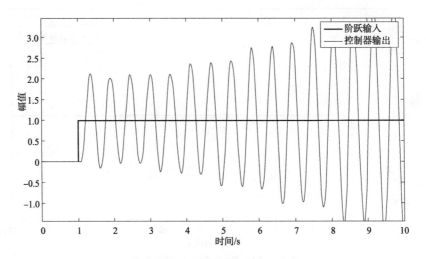

图 4.7.15 $T = 0.12 \ s$ 时阶跃响应

四、实验报告要求

1）完成实验

（1）按照实验步骤完成仿真及电机数据采集（填表 4.7.1 和表 4.7.2），观察输出结果。

（2）记录实验曲线和系统误差。

表 4.7.1   选择 T 为不同值时数学模型的动态指标

信号 参数	$T =$	$T =$	$T =$	$T =$	$T =$	稳定性
上升时间 t_r						
峰值时间 t_p						
稳态时间 t_s						
超调量 M_p						

表 4.7.2   选择 T 为不同值时电机测试的动态指标

信号 参数	$T =$	$T =$	$T =$	$T =$	$T =$	稳定性
上升时间 t_r						
峰值时间 t_p						
稳态时间 t_s						
超调量 M_p						

2）误差分析

完成数学模型仿真与电机测试两组参数的对比分析，并详细说明它们之间的区别、产生误差的原因。

五、思考题

(1) 若使用零阶保持器传递函数 $\dfrac{1 - e^{-\tau s}}{s} \approx \dfrac{T}{Ts + 1}$，此时，系统不稳定的 T 值是多少？

(2) 为什么采用间隔 T 值的改变影响了系统的稳定性？

实验八　基于电机的非线性系统分析

一、实验目的

(1) 分析电机系统存在的非线性特性，测试电机死区区间值。

(2) 理解非线性对实验设定值的影响，测试电机本身的饱和值。

二、实验内容

电机参数都是非线性的，本实验利用测试电机非线性的死区区间和进入饱和状态的值进行模型仿真，测试仿真与电机模型的匹配度，用于在仿真中模拟实际非线性元件的设计。

1. QUBE – Servo 电压 – 速度闭环

根据第 1 章直流电机电压 – 速度给定参数，建立的系统模型为一阶惯性环节，开环传递函数见式 (4 – 8 – 1)。

$$G(s) = \frac{S_{\mathrm{m}}(s)}{V_{\mathrm{m}}(s)} = \frac{K}{Ts + 1} = \frac{23.8}{0.1s + 1} \qquad (4-8-1)$$

式中，系统输出 $S_{\mathrm{m}}(s)$ 为电机/转盘的速度；系统输入 $V_{\mathrm{m}}(s)$ 为电机电压；K 为模型的稳态增益；T 为模型的时间常数。

设置模型的稳态增益 $K = 23.8\ \mathrm{rad/(V \cdot s)}$，时间常数 $T = 0.1\ \mathrm{s}$。

2. 死区特性与饱和特性

1) 死区特性

死区也称为不作用区，是指控制系统的传递函数中对应输出为零的输入信号范围，伺服驱动器或电机中都存在死区现象，如不避开死区区间，将使得控制输出产生循环而造成振荡。在机械系统齿轮组中的背隙也是典型死区特性。死区特性如图 4.8.1 所示。

2) 饱和特性

在控制系统的传递函数中，当输入的范围到最大或最小值的边界附近时，对应输出不随输入而变化的特性为饱和特性。计算机控制系统必须设定输入和输出的范围，以避免产生饱和或发生危险。饱和特性如图 4.8.2 所示。

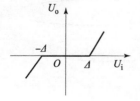

图 4.8.1　死区特性

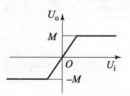

图 4.8.2　饱和特性

三、实验步骤

（1）在 Simulink 中打开 "q_qube_v_speed_open_Ramp_deadband_raw. slx" 文件，搭建数学模型与电机测试，设置输入从 −2 开始产生斜率为 0.25 的斜波，搭建模型如图 4.8.3 所示。通过阶跃函数响应来观察系统的稳定性。

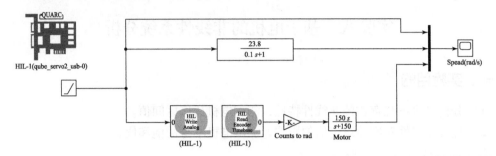

图 4.8.3　输入阶跃信号时电机电压 − 速度

（2）在工具栏中单击 "Model Configuration Parameters" 配置硬件模块参数，如图 4.8.4 所示。

图 4.8.4　配置硬件模块参数

（3）单击对话框选项 "Solver"，在 Simulation Time 参数下面键入参数：
- Start Time：0；
- Stop time：15。

在 Solver Selection 项中，选择固定步长的 ode1 解算器：
- Type：fixed step；
- Solver：ode1（Euler）。

在 Solver Details 中，选择当前的仿真步长是 0.002 s，即 Fixed − step size（fundamental sample time）：0.002。该值相当于设置了硬件的循环速率是 500 Hz，如图 4.8.5 所示。

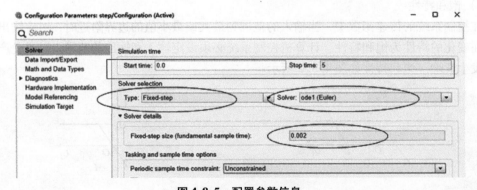

图 4.8.5　配置参数信息

（4）在打开的"q_qube_v_speed_close_step. slx"模型中，双击"HTL – 1（qube_servo2_usb –0）"函数模块，在"Board type"中选择硬件型号为"qube_servo2_usb"，如图 4.8.6 所示。

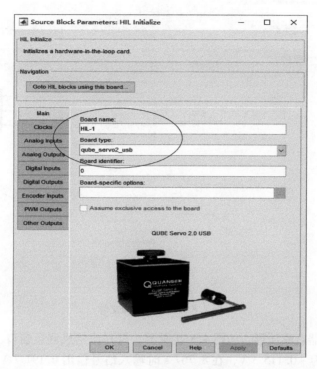

图 4.8.6　配置硬件信息

（5）设置增益 K 为 0.1，在 Simulink 窗口中编译运行，选择菜单栏中的"QUARC"→"Build"，如图 4.8.7 所示。QUBE 提供的驱动能自动将当前 Simulink 模型代码进行编译并下载到 QUBE 硬件中，并且可以在 Simulink 中进行实时数据的传输和显示。

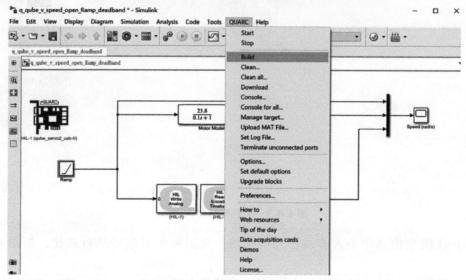

图 4.8.7　使用 QUARC 编译文件

（6）编译完成后，选择 Simulink 窗口工具栏中的"QUARC"→"Start"运行，此时，可在 Simulink 窗口的底部查看当前运行的进度，如图 4.8.8 所示。

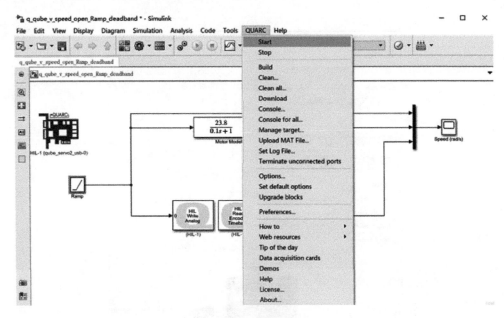

图 4.8.8　运行编译文件

（7）单击示波器观察波形，如图 4.8.9 所示，打开比例尺测量窗口，观测到在 7.539 s 时斜波信号的输出为 −0.115 3 V，在 8.767 s 时输入信号输出 0.191 7 V，在这之间输出斜波信号为线性增加，但是电机的速度信号一直保持不变，表现为死区区间特性，如图 4.8.9 所示。

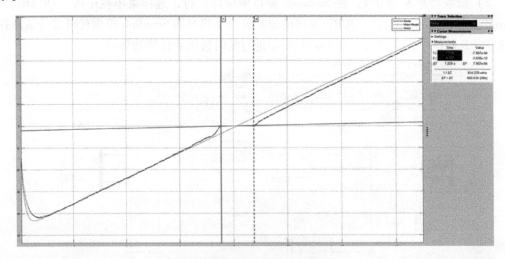

图 4.8.9　电机死区特性测试

（8）在模型仿真中加入非线性死区模块，与实际电机信号进行对比，如图 4.8.10 所示。

（9）根据图 4.8.10 得到的死区区间值，设计仿真模块区间，如图 4.8.11 所示。

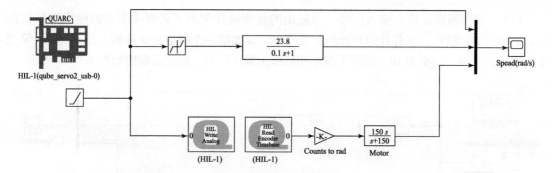

图 4.8.10　死区特性仿真

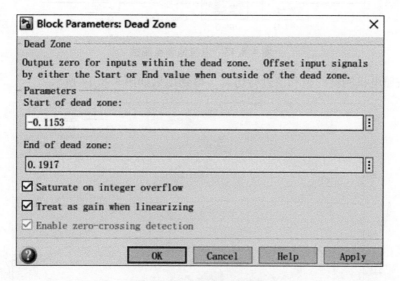

图 4.8.11　死区区间设置

（10）根据搭建的图 4.8.10 非线性仿真，得到的结果如图 4.8.12 所示。

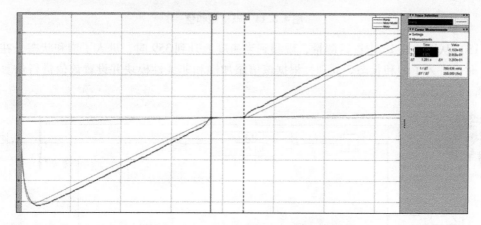

图 4.8.12　数学模型加入死区特性结果

说明：在仿真和控制算法设计中，可以使用死区模块模拟实际的死区非线性环节，以帮助实际模型设计。

（11）使用锯齿波作为输入信号，当输出的控制电压超出了数据采集卡的输出电压范围时，会出现饱和特性。在打开的 Simulink 文件中，设置第一个斜坡从 0 开始，斜率为 5；第二个斜坡从 5 开始，斜率为 10。将两个波形相减作为输入信号，搭建的框图如图 4.8.13 所示。

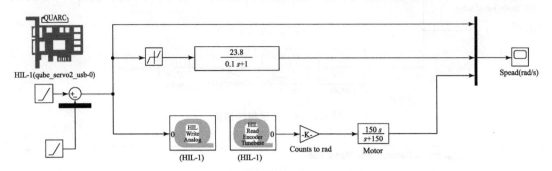

图 4.8.13　电机饱和点测试

（12）按照电机测试的饱和值进行仿真，得到结果如图 4.8.14 所示。

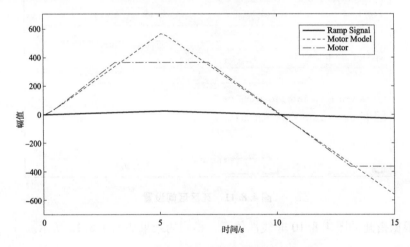

图 4.8.14　电机饱和值

（13）从图 4.8.13 中进行测量，观测到当速度上升到 359 时，进入了饱和状态，在到达 −361 时也进入了饱和状态。同理，根据该值添加饱和非线性模块并设置该值进行仿真，如图 4.8.15 所示。

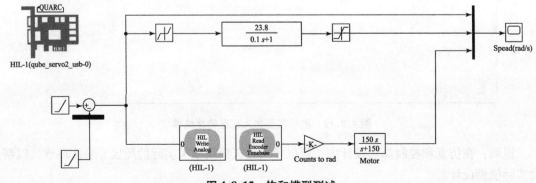

图 4.8.15　饱和模型测试

（14）按照电机测试的饱和值进行仿真，得到的结果如图 4.8.16 所示。

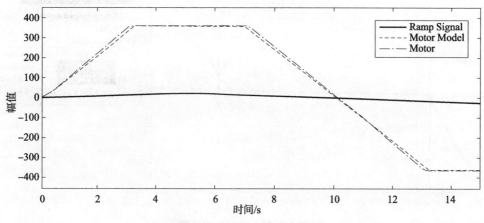

图 4.8.16　仿真与电机饱和结果

四、实验报告要求

1. 完成实验

（1）按照实验步骤完成仿真及电机数据采集（填表 4.8.1），观察输出结果。

（2）记录实验曲线和系统误差。

表 4.8.1　非线性特性设置与测试

参数 ＼ 信号	$T =$	$T =$	$T =$	区别
模型死区				
电机死区				
模型饱和				
电机饱和				

2. 误差分析

完成数学模型仿真与电机测试两组参数的对比分析，并详细说明它们之间的区别、产生误差的原因。

五、思考题

（1）为什么电机的电压 – 速度模型会出现死区特性？

（2）如图 4.8.17 所示，实际上控制电压在 – 0.1 ~ 0.1 V 之间已经出现了非常明显的非线性，如果放大图形可以看到。这是由电机本身的什么特性决定的？

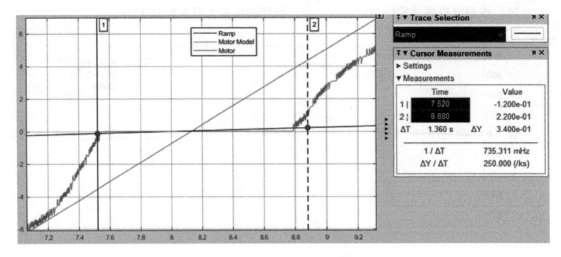

图 4.8.17 死区区间设置

实验九 基于倒立摆的起摆控制

一、实验目的

（1）倒立摆装置是一个具有高阶次、非线性、强耦合等特性的不稳定系统，研究倒立摆起摆控制，能有效地反映控制中的许多问题，了解起摆过程对稳摆控制具有重要意义。

（2）设置不同控制增益、参考动能和转子最大加速度参数，理解起摆过程及转角、能量和电压的变化关系。

二、实验方法

1. 能量控制

1）倒立摆分析

倒立摆及摆杆受力如图 4.9.1 所示。

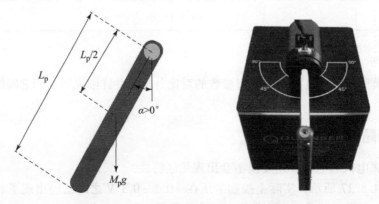

图 4.9.1 摆杆受力及垂直转角 $\alpha = 0°$

其中，摆杆质心在杆的中间，旋转臂 α 定义为倒立摆转角，当完全位于垂直位置时，$\alpha = 0°$，如图 4.9.1 所示。

2）能量分析

能量控制来源于能量不变的原理，即在运动过程中保持动能加势能为常数。理论上，若给倒立摆一个初始位置，它将以确定的幅度一直摆动。然而，由于实际摆动过程中存在摩擦和阻尼，系统的能量并非常值。实验时通过采集能量的损失与轴的加速度，找到一种实现起摆控制的实验方法。

通过轴的加速度 u 对摆的动力学特性，重新定义如下：

$$J_P \ddot{\alpha} + \frac{1}{2} M_P g L_P \sin\alpha = \frac{1}{2} M_P L_P u \cos\alpha \qquad (4-9-1)$$

摆的势能：

$$E_P = M_P g L_P (1 - \cos\alpha)$$

摆的动能：

$$E_k = \frac{1}{2} J_P \dot{\alpha}^2$$

由摆转角 α 和摆长受力图 4.9.1 得到质心到转轴的距离为 $l_p = L_p / 2$。

当摆转角 $\alpha = 0$ 时，摆的势能为 0；当摆直立 $\alpha = \pm\pi$ 时，势能为 $M_p g L_p$。由摆的动能与势能之和得到

$$E = \frac{1}{2} J_P \dot{\alpha}^2 + M_P g L_P (1 - \cos\alpha) \qquad (4-9-2)$$

对式（4-9-1）和式（4-9-2）进行微分得到

$$\dot{E} = \dot{\alpha} \left(J_P \ddot{\alpha} + \frac{1}{2} M_P g L_P \sin\alpha \right) \qquad (4-9-3)$$

由运动方程式（4-9-1）可得

$$J_P \ddot{\alpha} = -M_P g l_P \sin\alpha + M_P u l_P \cos\alpha \qquad (4-9-4)$$

整理得到

$$\dot{E} = M_P u l_P \dot{\alpha} \cos\alpha \qquad (4-9-5)$$

因为电机转子的加速度与电枢电流成正比，也就正比于驱动电压，利用比例控制规律，由倒立摆的能量计算摆的线性加速度 u 的值为

$$u = (E_r - E) \dot{\alpha} \cos\alpha \qquad (4-9-6)$$

将参考能量设置为摆的势能（$E_r = E_p$），控制率将会使关节摆动到直立位置。由于比例增益依赖于摆转角 α 的余弦，所以控制律是非线性的。当 $\dot{\alpha}$ 符号变化或角度为 $\pm 90°$ 时，控制信号的符号也将发生变化。由于起摆是一个能量快速变化的过程，此时控制信号的幅度需要不断增加，起摆控制器增益为

$$u = \mathrm{satmax}(\mu (E_r - E) \mathrm{sign}(\dot{\alpha} \cos\alpha)) \qquad (4-9-7)$$

式中，μ 为可调的控制增益，函数 satumax 在转子最大加速度 $u_{\max}$ 时，使控制信号饱和。表达式 $\mathrm{sign}(\dot{\alpha} \cos\alpha)$ 用于产生更快的控制切换。

2. 混合起摆控制

通过结合能量起摆控制式（4-9-6）或式（4-9-7）稳摆控制算式，可完成起摆与稳摆双重任务。即在摆转角进入 $\pm 20°$ 时，自动切换到稳摆控制。可用式（4-9-8）实现切换：

$$u = \begin{cases} u_{\text{bal}}, & |\alpha| - \pi \leqslant 20 \\ u_{\text{swing}}, & \text{其他} \end{cases} \qquad (4-9-8)$$

三、实验步骤

（1）在 Simulink 中打开"q_qube_swingup. mdl"旋转起摆模型程序，如图 4.9.2 所示。利用起摆控制（Swing – Up Control）模块进行能量控制。通过设置 mu（控制增益）、Er（动能）、u_max（转子最大加速度）值，观测摆的启动过程、转角、能量和电压输出曲线。

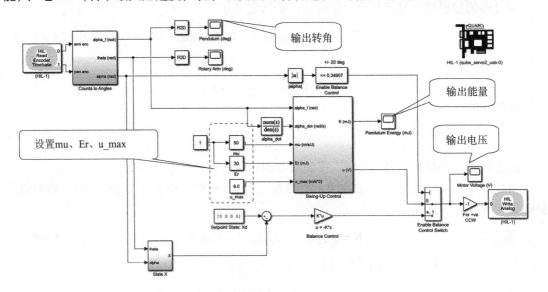

图 4.9.2　起摆结构

（2）运行"setup_qube_rotpen. m"文件，装载 Simulink 模型中摆的参数，将 Slider Gain 模块（名为 mu）设置为 0，用于关闭起摆控制。

（3）在工具栏中单击"Model Configuration Parameters"配置硬件模块参数，如图 4.9.3 所示。

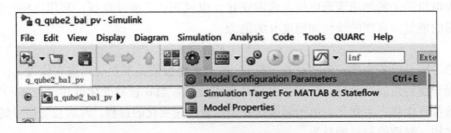

图 4.9.3　配置硬件模块参数

（4）单击对话框选项"Solver"，在 Simulation Time 参数下面，为了持续观察旋转倒立摆的稳摆情况，将时间参数设定为无穷大，键入参数如下：

- Start Time：0；
- Stop time：inf。

在 Solver Selection 选项中，选择固定步长的 ode1 解算器：

- Type：fixed step；
- Solver：ode1 （Euler）。

在 Solver Details 中，选择当前的仿真步长是 0.002 s，即 Fixed – step size （fundamental sample time）：0.002。该值相当于设置了硬件的循环速率是 500 Hz，如图 4.9.4 所示。

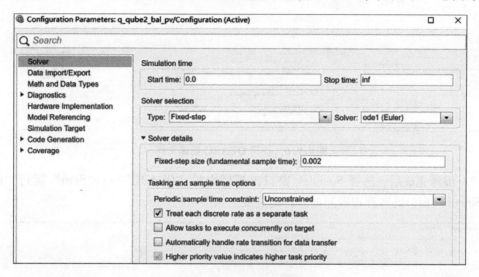

图 4.9.4　配置参数信息

（5）在打开的"q_qube2_bal_pv.slx"模型中，双击"HTL – 1 （qube_servo2_usb – 0）"函数模块，在"Board type"中选择硬件型号为"qube_servo2_usb"，如图 4.9.5 所示。

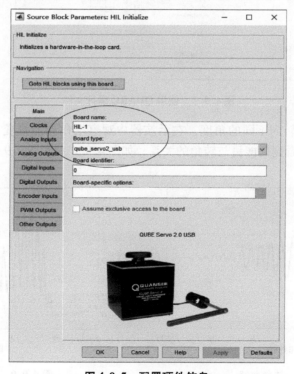

图 4.9.5　配置硬件信息

（6）编译并运行 QUARC 控制器，选择"QUARC"→"Build"进行编译，如图 4.9.6 所示。

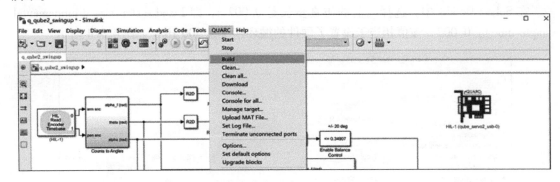

图 4.9.6　使用 QUARC 编译文件

（7）编译完成后，选择 Simulink 窗口工具栏中的"QUARC"→"Start"运行，此时，可在 Simulink 窗口的底部查看当前运行的进度，如图 4.9.7 所示。

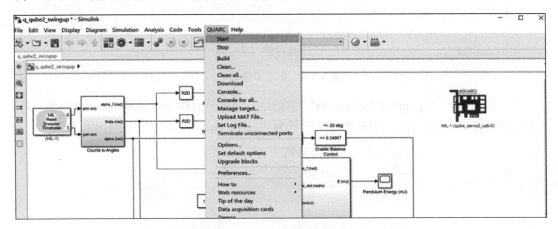

图 4.9.7　使用 QUARC 运行文件

（8）手动将摆旋转到不同的角度，在示波器中观察摆角和能量变化过程。当给摆一个轻微的扰动后，可以看到摆能量与转角的关系，如图 4.9.8 和图 4.9.9 所示。

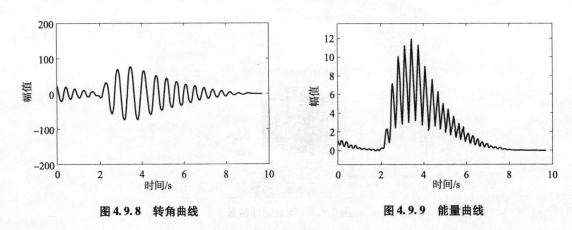

图 4.9.8　转角曲线　　　　　　　　　　**图 4.9.9　能量曲线**

（9）单击"Stop"按钮，将摆放到初始位置（向下位置）时，设置起摆控制器参数，双击连接到 Swing – Up Control 子系统输入的 Constant 和 Gain 模块，设置如下：

- $m_u = 50$；
- $E_r = 10.0$；
- $u_{max} = 6$。

此时，若摆杆没有运动，用手轻轻地给摆一定的扰动，使其动起来。

（10）改变参考能量 E_r 在 10.0 ～ 20.0 mJ 间，观测能量和电压输出变化曲线。

（11）将 Er 值固定在 20 ～ 60 m/($s^2 \cdot J^{-1}$) 间的一个值，改变起摆控制增益 m_u，测能量和电压输出变化曲线，当设置 $E_r = 20$ 时，能量、摆转角和电机电压输出分别为图 4.9.10 ～ 图 4.9.12 所示。

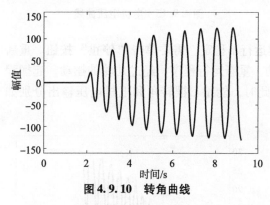

图 4.9.10　转角曲线

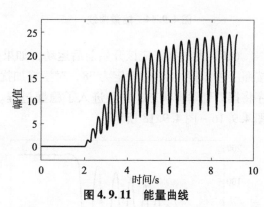

图 4.9.11　能量曲线

（12）停止运行。

（13）重新进行混合起摆，打开"q_qube_swing_up. mdl"模型，运行文件名为"setup_qube_rotpen. m"的文件，完成倒立摆参数的装载。

（14）按照上述步骤，设置起摆控制参数如下：

- $m_u = 20$；
- $E_r = 30$；
- $u_{max} = 6$。

（15）确保摆杆静止垂向下，且编码器电缆不会影响摆的运动，重新按照步骤（6）、步骤（7）编译并运行 QUARC 控制器，可以看到，当增加了扰动后摆角变大，若能量起摆参数设置但比较小时，不能顺利起摆，此时的能量、摆转角和电机电压输出分别如图 4.9.13 ～

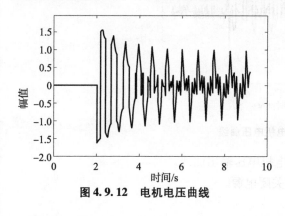

图 4.9.12　电机电压曲线

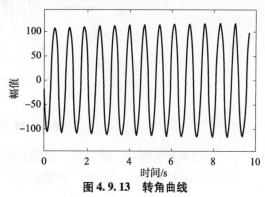

图 4.9.13　转角曲线

图 4.9.15 所示。

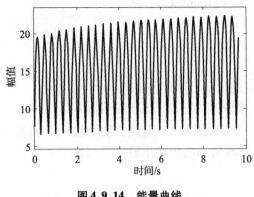
图 4.9.14 能量曲线

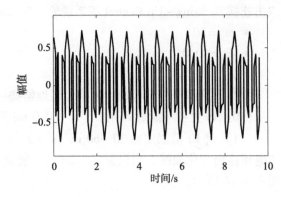
图 4.9.15 电机电压曲线

（16）此时摆杆应该开始前后运动，如果摆运行不稳定，需要单击"停止"按钮。重新按照上述步骤，将 m_u 设定为 38，对摆施加扰动，重新运行程序，经过几轮的摆动，起摆程序将摆动到垂直状态，并且进入了稳摆过程。此时，能量、摆转角和电机电压输出分别如图 4.9.16 ~ 图 4.9.18 所示。

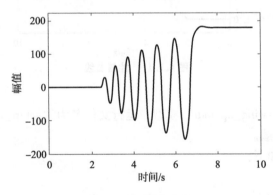
图 4.9.16 转角曲线

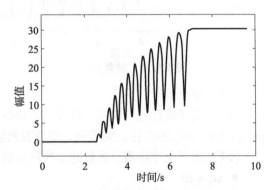
图 4.9.17 能量曲线

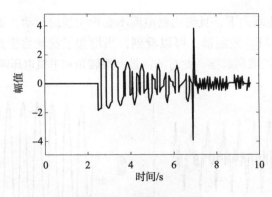
图 4.9.18 电机电压曲线

（17）记录起摆增益、摆转角、摆能量和电机电压输出曲线。

（18）实验结束单击"停止"按钮运行，关闭电源。

四、实验报告要求

（1）按照实验步骤完成倒立摆起摆控制，根据给定能量变化，观察并记录能量转角及电机电压输出曲线并说明其含义。

（2）说明改变可调的控制增益、参考动能、转子最大加速度对起摆的影响，记录混合起摆控制主要过程，观察能量、转角及电机电压输出波形，说明其含义。

五、实验分析

（1）改变参数分别为 $m_u = 38$ m/s/J，$E_r = 30$ mJ 和 $u_{max} = 6$ m/s^2，摆杆如何变化？

（2）手动将摆旋转到不同的角度，在示波器中观察转角、能量和电压的变化。

六、思考题

（1）倒立摆参考能量 E_r 设置为不同值对起摆的影响是什么？

（2）改变可调的控制增益 m_u 参数，对起摆有什么影响？

实验十　基于倒立摆的 PD 稳摆控制

一、实验目的

（1）倒立摆装置是一个具有高阶次、非线性、强耦合等特性的不稳定系统，研究倒立摆稳摆控制，能有效地反映控制中的许多问题，通过 PD 控制，了解倒立摆从一种稳定到达另一种稳定的现象。

（2）掌握采用能量反馈进行倒立摆的 PD 控制方法，理解控制参数：$K_p\theta$、$K_p\alpha$、$K_d\theta$ 和 $K_d\alpha$ 的作用及施加不同臂转角初始值对稳摆的影响。

二、实验方法

1. 倒立摆及数学模型

倒立摆及摆杆受力如图 4.10.1 所示。

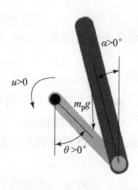

图 4.10.1　倒立摆及摆杆受力图

其中，连接到倒立摆转子上的为旋转臂，用变量 θ 表示，旋转臂和摆在逆时针旋转时，定义为正方向，当在倒立摆上施加正电压时，旋转臂逆时针方向旋转。连接到旋转臂末端转角记为 α。角度 α 定义为倒立摆转角，当完全位于垂直位置时，$\alpha = 0°$。

由第 1 章推导的数学模型为

$$A = \begin{bmatrix} 0 & 0 & 1 & 0 \\ 0 & 0 & 0 & 0 \\ 0 & 149.275\ 1 & -0.010\ 4 & 0 \\ 0 & -261.609\ 1 & -0.010\ 3 & 0 \end{bmatrix}, \quad B = \begin{bmatrix} 0 \\ 2 \\ 0 \\ 49.727\ 5 \\ 49.149\ 3 \end{bmatrix}, \quad C = \begin{bmatrix} 1 & 0 & 0 & 0 \\ 0 & 1 & 0 & 0 \end{bmatrix}, \quad D = \mathbf{0}$$

$$(4 - 10 - 1)$$

2. PD 控制的倒立摆闭环系统

稳摆常用方法是 PID 和 LQR 控制，在得到倒立摆动数学模型基础上，设计了闭环系统 PD 控制，使得摆杆倒立稳定。其方法是使用双回路分别控制，其中一组 PD 控制器控制倒立摆转子与旋转臂角 θ，另一组 PD 控制器控制旋转臂角与垂直位置夹角 α。组合控制会产生稳态误差，因此不适合加入积分，而仅加入比例控制作用是不够的，因此采用比例微分控制是最合适的方案，倒立摆稳摆控制框图结构如图 4.10.2 所示。

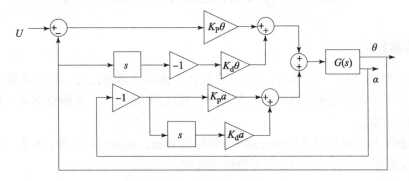

图 4.10.2　稳摆 PD 控制结构

两组 PD 控制参数 $K_p\theta$、$K_p\alpha$、$K_d\theta$ 和 $K_d\alpha$ 分别为臂转角的比例增益、摆角比例增益、臂转角的微分增益和摆转角的微分增益。臂的期望角度记为 θ_r，摆的期望角度为 0（即直立位置）。数学上表示为

$$\alpha = \mathrm{mod}(\alpha_f, 2\pi) - \pi \qquad (4 - 10 - 2)$$

式中，α_f 为编码器测得的摆角；mod 为求余数函数，当摆配置为向下时，连续的转角测量定义为 0。

3. 实验过程

（1）稳摆是从自然平衡状态借助外力的作用，将摆杆移动到垂直向上的位置，在平衡点附近再使用 PD 控制倒立摆稳定。首先需要将旋转摆连接到 QUBE – Servo 2 上，摆杆从向下垂直位置开始，人工将其拿到向上垂直位置，当摆进入到与向上垂直 ±10° 时，运行稳摆程序。

注意：倒立摆的臂转角和摆转角以程序开始部署的初始状态为零点，需要在程序部署之前将臂转角放置臂垂直向下的 0 位置处，即臂转角必须和硬件角度对应才能正确观测到后面

的位置。

（2）改变臂转角的比例增益 $K_p\theta$、摆角比例增益 $K_p\alpha$、臂转角微分增益 $K_d\theta$ 和摆转角微分增益 $K_d\alpha$，观测稳摆的过程。

三、实验步骤

（1）打开"q_qube2_bal_pv. slx"文件，通过改变 Constant 模块设定一个臂转角初始值，当初始值为 0°时，表示臂转角在 0°位置。"HIL Write Analog"模块输出直流倒立摆的电压值，"HIL Read Encoder Timebase"模块读取直流倒立摆的编码器参数、比例模块设置编码器计数值转换角度系数 $\left(\dfrac{2\pi}{512 \times 4}\right)$，得到当前位置的角度值。Counts to Angles 子系统模块用于实现从编码器计数值向弧度的转换。R2D 为弧度到度的转换，确保使用的是倒立摆的转角。将 PD 控制增益分别设置为 $K_{p\theta}=2$，$K_{p\alpha}=30$，$K_{d\theta}=-2$ 和 $K_{d\alpha}=2.5$，如图 4.10.3 所示。

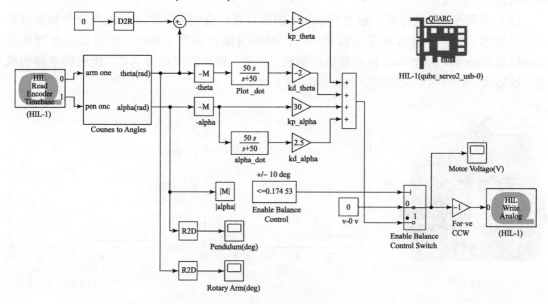

图 4.10.3　输入阶跃信号时倒立摆电压 – 速度

（2）在工具栏中单击"Model Configuration Parameters"配置硬件模块参数，如图 4.10.4 所示。

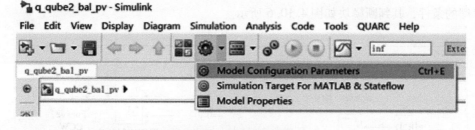

图 4.10.4　配置硬件模块参数

单击对话框选项"Solver"，在 Simulation Time 参数下面，为了持续观察旋转倒立摆的稳摆情况，将时间参数设定为无穷大，键入参数如下：

- Start Time：0；
- Stop time：inf。

在 Solver Selection 选项中，选择固定步长的 ode1 解算器：

- Type：fixed step；
- Solver：ode1（Euler）。

在 Solver Details 中，选择当前的仿真步长是 0.002 s，即 Fixed – step size（fundamental sample time）：0.002。该值相当于设置了硬件的循环速率是 500 Hz。

（3）在打开的"q_qube2_bal_pv. slx"模型中，双击"HTL – 1（qube_servo2_usb – 0）"函数模块，在"Board type"中选择硬件型号为"qube_servo2_usb"。

（4）编译并运行 QUARC 控制器，选择"QUARC"→"Build"进行编译，再选择 Simulink 窗口工具栏中的"QUARC"→"Start"运行，此时，可在 Simulink 窗口的底部查看当前运行的进度。

（5）当程序开始运行后，通过 Simulink 的窗口可以看到当前倒立摆的臂转角和摆转角分别是 0°和 – 180°，根据程序可以知道，此时因为摆转角为 – 180°，所以摆转角判断在 Enable Balance Control Switch 模块处执行的状态是 0，输出控制信号为 0。旋转倒立摆的状态、臂转角和摆转角测试曲线分别如图 4.10.5 所示。

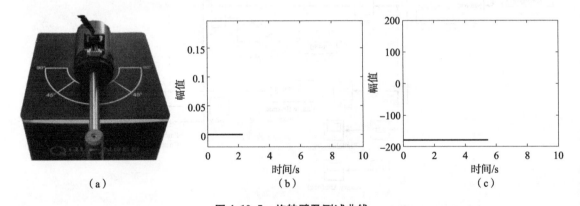

图 4.10.5　旋转臂及测试曲线

（a）旋转倒立摆的状态；（b）臂转角；（c）摆转角

（6）手动将摆向上竖立，使得 $|\alpha| < 10°$，此时，摆转角判断模块需要确定初始角是否满足稳摆的条件，其判断模块如图 4.10.6 所示。

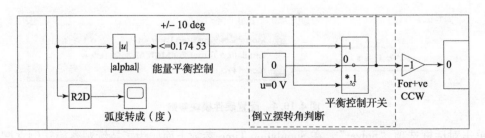

图 4.10.6　倒立摆转角判断模块部分

（7）当摆杆保持臂转角为 0°时，臂转角和摆转角测试曲线分别如图 4.10.7 和图 4.10.8 所示，旋转倒立摆的状态和电压测试分别如图 4.10.9 和图 4.10.10 所示。

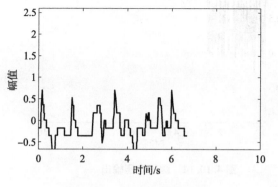

图 4.10.7　臂转角测试曲线

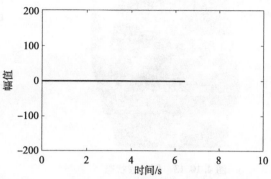

图 4.10.8　摆转角测试曲线

图 4.10.9　倒立摆状态

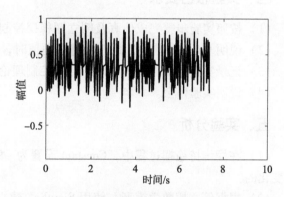

图 4.10.10　测试电压输出

（8）若双击 Constant 模块，即改变倒立摆施加小电压值参数值为 30 V，观察当前倒立摆的情况和波形。臂转角和摆转角测试曲线分别如图 4.10.11 和图 4.10.12 所示，旋转倒立摆的状态和电压测试分别如图 4.10.13 和图 4.10.14 所示。

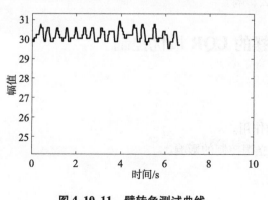

图 4.10.11　臂转角测试曲线

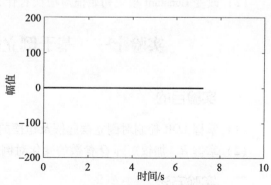

图 4.10.12　摆转角测试曲线

图 4.10.13　倒立摆状态

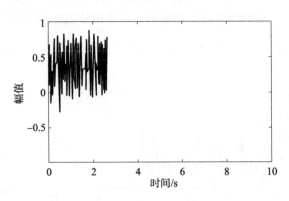

图 4.10.14　测试电压输出

说明：通过观察波形图也可以知道，臂转角为 30°左右，摆转角为 0°。

四、实验报告要求

（1）按照实验步骤完成仿真及倒立摆稳摆控制，观察输出效果。

（2）说明 Constant 模块，即改变臂转角值时，观察倒立摆转动状态及转角输出曲线。

（3）记录实验曲线，说明曲线与自动控制理论动态特性的关系。

（4）说明实验体会。

五、实验分析

（1）在摆维持稳摆过程中，Constant 设置为 −90°~90°，旋转臂和摆转角响应曲线是如何变化的？

（2）根据倒立摆数学模型，使用 Simulink 建立仿真，设计 PID 控制器参数，并在倒立摆上进行验证结果。

六、思考题

（1）在稳摆过程中，系统输出曲线表示的是什么变量？

（2）改变 Constant 模块初始值对稳摆有什么影响？

实验十一　基于倒立摆的 LQR 最优控制

一、实验目的

（1）掌握 LQR 控制对倒立摆起摆及稳摆的作用。

（2）掌握 R、加权矩阵 Q 参数的变化对倒立摆控制的影响。

二、实验方法

（1）将旋转摆连接到 QUBE − Servo 2，人工给定一个摆角，使用最优控制 LQR 控制进行稳摆。

（2）改变加权控制阵 **Q** 的参数，观测倒立摆起摆及稳摆的影响。

2.1　倒立摆 LQR 控制框图

最优 LQR 控制框图如图 4.11.1 所示。

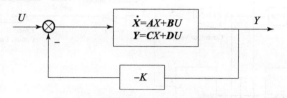

图 4.11.1　最优 LQR 控制框图

由第 2 章仿真分析倒立摆系统是可控的，借助 MATLAB 函数 $K = \text{lqr}\ (A,\ B,\ Q,\ R)$，求出最优反馈增益 **K**，即为 LQR 控制器参数进行反馈控制。

2.2　倒立摆数学模型及加权矩阵

$$A = \begin{bmatrix} 0 & 0 & 1 & 0 \\ 0 & 0 & 0 & 0 \\ 0 & 149.275\,1 & -0.010\,4 & 0 \\ 0 & -261.609\,1 & -0.010\,3 & 0 \end{bmatrix},\ B = \begin{bmatrix} 0 \\ 2 \\ 0 \\ 49.727\,5 \\ 49.149\,3 \end{bmatrix},\ C = \begin{bmatrix} 1 & 0 & 0 & 0 \\ 0 & 1 & 0 & 0 \end{bmatrix},\ D = 0$$

$$(4 - 11 - 1)$$

给定 R 及加权矩阵 Q 为单位阵，即

$$Q = \begin{bmatrix} 1 & 0 & 1 & 0 \\ 0 & 1 & 0 & 0 \\ 0 & 0 & 1 & 0 \\ 0 & 0 & 0 & 1 \end{bmatrix},\ R = 1 \qquad (4 - 11 - 2)$$

改变矩阵 **Q** 的值，可以得到不同的响应效果，**Q** 在一定范围内值越大抗干扰能力越强，响应速度越快，但 **Q** 值过大引起系统不稳定。

三、实验步骤

（1）在 MATLAB 中打开"setup_qube2_rotpen. m"文件，以实现 QUBE – Servo 2 旋转摆状态空间模型矩阵 **A**、**B**、**C** 和 **D** 的装载。矩阵 **A** 和 **B** 将显示于 Command Window 中。其中，Control Design Module 中已经封装了 LQR 理论。将给定系统模型以状态矩阵 **A** 和 **B** 描述，给定加权矩阵 **Q** 和 R，那么 LQR 函数将会自动计算反馈控制增益。

（2）打开 Simulink 文件"q_qube2_bal_lqr. mdl"，打开后框图如图 4.11.2 所示。

（3）使用 Counts to Angles 子系统，将编码器计数值转换成弧度。采用该转角建立状态 $\dot{x}$，并对状态进行处理。采用高通滤波器 $50s/(s+50)$ 计算速度 θ 和 α。加入必要的增益 Gain 模块和求和 Sum 模块，应用增益模块配置状态反馈增益矩阵 $[1\,0\,0\,0]$，应用求和模块将增益矩阵与测试的臂转角与摆转角相减。

（4）为了生成一个变化的期望臂转角，增加 Signal Generator 方波模块，产生一个 θ 标量。加入增益向量矩阵 $[1, 0, 0, 0]$ 得到 $[\theta, 0, 0, 0]$ 向量，便于与 $[\theta, \theta, \alpha, \alpha]$

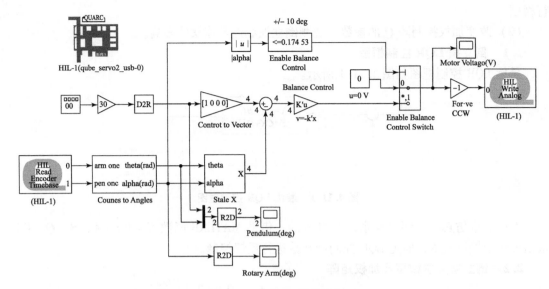

图 4.11.2　LQR 控制结构

相减得到增益矩阵 $[k_1, k_2, k_3, k_4]$。

（5）在 find_lqr.m 文件中，设置初始 $R=1$，权矩阵 Q 为 diag(5 1 1 1) 函数，得到增益模块配置矩阵 K 并记录。

（6）对 Signal Generator 为一个方波信号，模块设置如下：

Type = Square

Amplitude = 1

Frequency = 0.125 Hz

将连接到 Signal Generator 模块的 Gain 模块设置为 0。

（7）在工具栏中单击"Model Configuration Parameters"配置硬件模块参数，单击对话框选项"Solver"，在 Simulation Time 参数下面，为了持续观察旋转倒立摆的平衡情况，将时间参数设定为无穷大，键入参数如下：

- Start Time：0；
- Stop time：inf。

在 Solver Selection 选项中，选择固定步长的 ode1 解算器：

- Type：fixed step；
- Solver：ode1（Euler）。

在 Solver Details 中，选择当前的仿真步长是 0.002 s，即 Fixed - step size（fundamental sample time）：0.002。该值相当于设置了硬件的循环速率是 500 Hz。

（8）在打开的"q_qube2_bal_lqr.mdl"模型中，双击"HTL - 1（qube_servo2_usb - 0）"函数模块，在"Board 选择硬件端口，在"type"中选择硬件型号为"qube_servo2_usb"。

（9）单击 Simulink 窗口工具栏中的"QUARC"→"Build"选择编译。

（10）选择 Simulink 窗口工具栏中的"QUARC"→"Start"运行，此时，可在 Simulink 窗口的底部查看当前运行的进度。

（11）将 Gain 的值设置为 30，使臂在 ±30°内转动。可以看到输入的设定信号是方波，幅度是 30。此时，摆转角并没有处于 LQR 控制范围内，所以当前的控制电压和臂转角为 0，摆转角是 −180°。测试的控制电压和臂转角曲线分别如图 4.11.3 和图 4.11.4 所示。测试的摆转角曲线如图 4.11.5 所示。

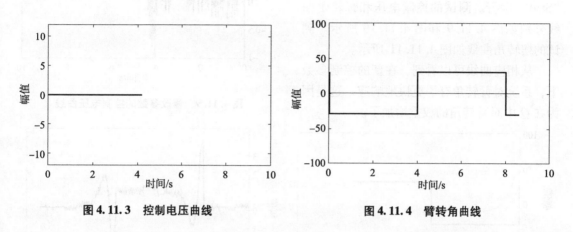

图 4.11.3　控制电压曲线　　　　　　　图 4.11.4　臂转角曲线

（12）手动将摆杆旋转到直立位置（与垂直位置小于 ±10°），待控制摆平衡后，观测的控制电压、臂转角和摆转角响应曲线分别如图 4.11.6 ~ 图 4.11.8 所示。

（13）单击"停止"按钮，再返回步骤（4）重新运行脚本文件"setup_qube2_rotpen. m"，

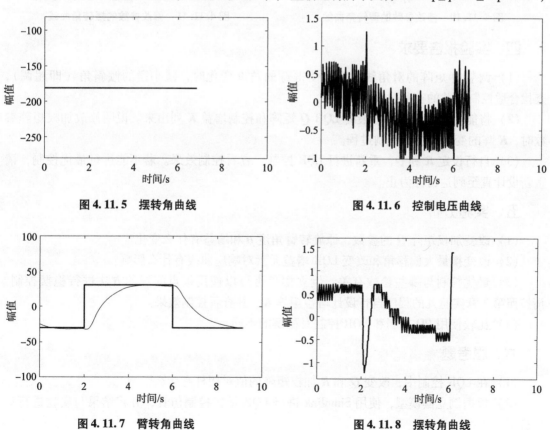

图 4.11.5　摆转角曲线　　　　　　　图 4.11.6　控制电压曲线

图 4.11.7　臂转角曲线　　　　　　　图 4.11.8　摆转角曲线

在 find_lqr. m 文件中，修改权矩阵 Q 为 diag（5 1 1 20）函数，生成新的控制增益矩阵 K 并记录。重新在 Simulink 窗口工具栏中使用"QUARC"→"Build"编译和"QUARC"→"Start"运行。测试的控制电压和臂转角曲线分别如图 4.11.9 和图 4.11.10 所示。测试的摆转角曲线如图 4.11.11 所示。

从相应曲线可以看到，在新的控制参数下，系统对臂转角有了更快地响应，这是因为在 Q 中对臂转角的权重增加了。

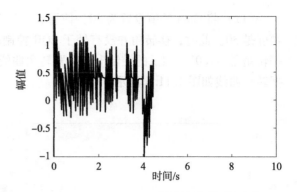

图 4.11.9　修改参数的控制电压曲线

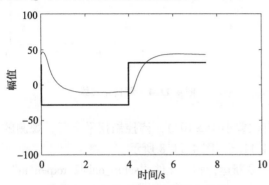

图 4.11.10　修改参数的臂转角曲线

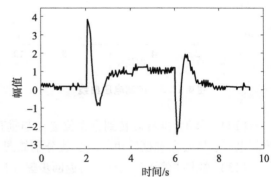

图 4.11.11　修改参数的摆转角曲线

四、实验报告要求

（1）调节 Q 矩阵的对角线元素，使得臂的角度变化时，减小摆的倾斜角（即超调），查找合适控制增益的实验过程。

（2）将能达到预期效果的最终 LQR Q 矩阵和控制增益 K 列出来。说明修改加权矩阵参数时，K 阵的变化情况及控制过程。

（3）自行设定 R 和 Q，重新进行 LQR 控制，查看控制效果。若不能进行最优控制，请重新设计直至到达目标为止。

五、实验分析

（1）改变加权矩阵 Q 的参数，原旋转臂角度 θ 和增益有什么变化？

（2）改变摆最大偏移角和改变 LQR 增益元素对响应曲线有什么影响？

（3）最优控制与哪些参数有关？倒立摆是否可以使用极点配置的方法进行稳摆控制？请按照第 2 章实验九的程序自行设计增益矩阵 K，并查看控制效果。

（4）比较使用 PD 控制和 LQR 控制对稳摆的不同。

六、思考题

（1）在 LQR 控制中，改变 Q 和 R 加权矩阵的值对摆杆有什么影响？

（2）根据倒立摆模型，使用 Simulink 进行 LQR 最优控制仿真，并将结果与实物进行对比分析。

附 录
常 用 绘 图

MATLAB 具有丰富的绘图功能，提供了一系列的绘图函数，不仅包括常用的二维图，还包括三维函数、三维网格、三维网面及三维立体切片图等，使用系统绘图函数不需要过多编程，只需给出一些基本参数就能得到所需图形。此外，MATLAB 还提供了直接对图形句柄进行操作的低层绘图操作，包括图形元素，如坐标轴、曲线、文字等，系统对每个对象分配了句柄，通过句柄即可对该图形元素进行操作，而不影响其他部分。

F1 二维绘图

MATLAB 的 plot( ) 函数是二维图形最基本的函数，它是针对向量或矩阵列来绘制曲线的，绘制以 x 轴和 y 轴为线性尺度的直角坐标曲线。

1. 语法格式

```
plot(x1,y1,option1,x2,y2,option2,...)
```

说明：x1，y1，x2，y2 给出的数据分别为 x、y 轴坐标值；option 定义了图形曲线的颜色、字符和线型，它由一对单引号括起来。可以画一条或多条曲线。若 x1 和 y1 都是数组，按列取坐标数据绘图。

2. option 的含义

option 通常由颜色（附表1）、字符（附表2）和线型（附表3）组成。

附表 1 颜色表示

选项	含义	选项	含义	选项	含义
'r'	红色	'w'	白色	'k'	黑色
'g'	绿色	'y'	黄色	'm'	锰紫色
'b'	蓝色	'c'	亮青色	—	—

附表 2 字符表示

选项	含义	选项	含义	选项	含义
'.'	画点号	'o'	画圈符	'd'	画菱形符
'*'	画星号	'+'	画十字符	'p'	画五角形符
'x'	画叉号	's'	画方块符	'h'	画六角形符
'^'	画上三角	'>'	画左三角	—	—
'V'	画下三角	'<'	画右三角	—	—

附表3　线型表示

选项	含义	选项	含义
'–'	画实线	'.–'	点画线
'――'	画虚线	':'	画点线

【例1】　绘制表达式 $y = 2e^{-0.5t}\sin(2\pi t)$ 对曲线。

程序命令：

```
t=0:pi/100:2*pi; y1=2*exp(-0.5*t).*sin(2*pi*t);
y2=sin(t); plot(t,y1,'b-',t,y2,'r-o')
```

结果如附图1所示。

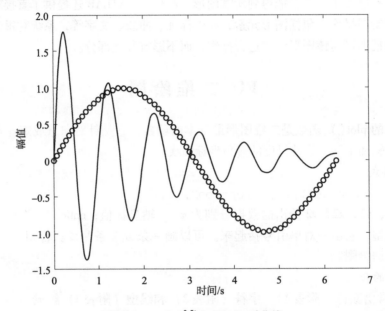

附图1　$y = 2e^{-0.5t}\sin(2\pi t)$ 对曲线

【例2】　绘制表达式 $x = t\sin 3t$，$y = t\sin t\sin t$ 曲线。

程序命令：

```
t=0:0.1:2*pi; x=t.*sin(3*t); y=t.*sin(t).*sin(t);
plot(x,y,'r-p');
```

结果如附图2所示。

3. 图形屏幕控制命令

figure：　　　打开图形窗口；

clf：　　　　清除当前图形窗的内容；

hold on　　　保持当前图形窗的内容；

hold off：　　解除保持当前图形状态；

grid on：　　给图形加上栅格线；

grid off：　　删除栅格线；

box on：　　在当前坐标系中显示一个边框；

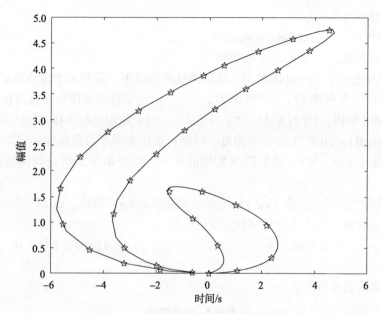

附图 2　$x = t\sin(3t)$，$y = t\sin t \sin t$ 曲线

box off：　　去掉边框；

close：　　　关闭当前图形窗口；

close all：　关闭所有图形窗口。

【例 3】　在不同窗口绘制 $y_1 = \cos(t)$，$y_2 = \sin^2(t)$ 的波形图。

程序命令：

```
t=0:pi/100:2*pi; y1=cos(t); y2=sin(t).^2;
figure(1);plot(t,y1,'g-p');grid on;figure(2);plot(t,y2,'r-O');
grid on;
```

结果如附图 3 所示。

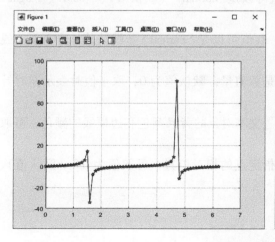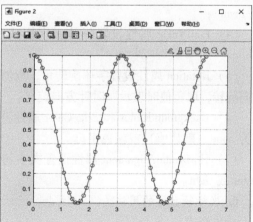

附图 3　不同窗口绘图

4. 图形标注

title：图题标注；　　　　xlabel：x 轴说明

ylabel：y 轴说明；　　　zlabel：z 轴说明

legend：图例标注，legend 函数用于绘制曲线所用线型、颜色或数据点标记图例。

（1）legend（'字符串 1'，'字符串 2'，…）：指定字符串顺序标记当前轴的图例。

（2）legend（句柄，'字符串 1'，'字符串 2'，…）：指定字符串标记句柄图形对象图例。

（3）legend(M)：用字符 M 矩阵的每一行字符串作为图形对象标签标记图例。

（4）legend（句柄，M）：用字符 M 矩阵的每一行字符串作为指定句柄的图形对象标签标记图例。

text：在图形中指定的位置 (x, y) 上显示字符串 string，格式：text(x,y,'string')

annotation：线条、箭头和图框标注。

例如：annotation('arrow',[0.1,0.45],[0.3,0.5])　　%箭头线

5. 字体属性

字体属性如附表 4 所示。

附表 4　字体属性

属性名	注释	属性名	注释
FontName	字体名称	FontWeight	字形
FontSize	字体大小	FontUnits	字体大小单位
FontAngle	字体角度	Rotation	文本旋转角度
BackgroundColor	背景色	HorizontalAlignment	文字水平方向对齐
EdgeColor	边框颜色	VerticalAlignment	文字垂直方向对齐

说明：

（1）FontName 属性定义名称，其取值是系统支持的一种字体名；

（2）FontSize 属性设置文本对象的大小，其单位由 FontUnits 属性决定，默认值为 10 磅；

（3）FontWeight 属性设置字体粗细，取值可以是 'normal'（默认值）、'bold'、'light' 或 'demi'；

（4）FontAngle 属性设置斜体文字模式，取值可以是 'normal'（默认值）、'italic' 或 'oblique'。

（5）Rotation 属性设置字体旋转角，取值是数值量，默认值为 0，取正值时表示逆时针方向旋转，取负值时表示顺时针方向旋转。

（6）BackgroundColor 和 EdgeColor 属性设置文本对象的背景颜色和边框线的颜色，可取值为 none（默认值）或颜色字母。

（7）HorizontalAlignment 属性设置文本与指定点的相对位置，可取值为 left（默认值）、center 或 right。

6. 坐标轴 axis 的用法

语法格式：

axis([x_{min} 　x_{max} 　y_{min} 　y_{max}]) 或：axis([x_{min} 　x_{max} 　y_{min} 　y_{max} 　z_{min} 　z_{max}])

说明：该函数用来标注输出图线的坐标范围。若给出 4 个参数标注二维曲线最大值和最

小值，给出 6 个参数则标注三维曲线最大值和最小值。其中：

（1）axis equal：将两坐标轴设为相等。

（2）axis on/off：显示/关闭坐标轴的显示。

（3）axis auto：将坐标轴设置默认值。

（4）axis square：产生两轴相等的正方形坐标系。

7. 子图分割

语法格式：

```
subplot(n,m,p)
```

其中，n 表示行数；m 表示列数；p 表示绘图序号，顺序是按从左至右，从上至下排列，它把图形窗口分为 n×m 个子图，在第 p 个子图处绘制图形。

【例4】　利用子图绘制正弦和余弦图形。

程序命令：

```
t=0:pi/100:2*pi;y1=sin(t); y2=cos(t); y3=sin(t).^2;y4=cos(t).^2;
subplot(2,2,1),plot(t,y1);title('sin(t)');xlabel('时间/s');ylabel('幅度/v');
subplot(2,2,2),plot(t,y2,'g-p');title('cos(t)');;xlabel('时间/s');ylabel('幅度/v');
subplot(2,2,3),plot(t,y3,'r-O');title('sin^2(t)');;xlabel('时间/s');ylabel('幅度/v');
subplot(2,2,4),plot(t,y4,'k-h');title('cos^2(t) ');;xlabel('时间/s');ylabel('幅度/v')
```

结果如附图 4 所示。

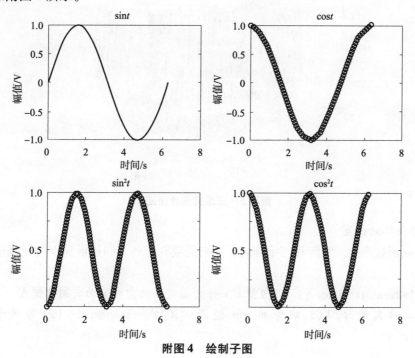

附图 4　绘制子图

F2 三 维 绘 图

1. 绘制三维空间曲线

与 plot( ) 函数相类似，可以使用 plot3( ) 函数绘制一条三维空间的曲线。

语法格式：

```
plot3(x, y, z, option)        %绘制三维曲线
```

其中，x，y，z 以及选项与 plot( ) 函数中的 x，y 和选项相类似，多了一个 z 坐标轴。绘图方法可参考 plot( ) 函数的使用方法。option 指定颜色、线型等。

【例5】 已知函数，绘制三维函数曲线。

$$\begin{cases} x = (8 + \cos(V))\cos(U) \\ y = (8 + \cos(V))\sin \\ z = \sin(V) \end{cases} \quad 0 < U,\ V \leqslant 2$$

程序命令：

```
r = linspace(0, 2*pi, 60); [u,v]=meshgrid(r);
x = (8 +3*cos(v)).*cos(u); y = (8 +3*cos(v)).*sin(u); z =3*sin(v);
plot3(x,y,z); title('三维空间绘图'); xlabel('X 轴');ylabel('Y 轴');
zlabel('Z 轴')
```

其结果如附图5所示。

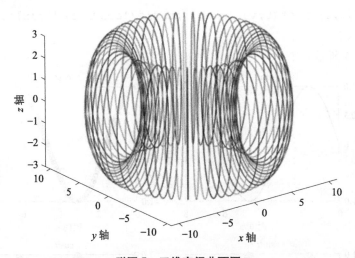

附图5 三维空间曲面图

2. 网格矩阵的设置

meshgrid 函数产生二维阵和三维阵列。用户需要知道各个四边形顶点的三维坐标值（x，y，z）。

```
[X, Y]=meshgrid(x, y)    %向量 x、y 分别指定 x 轴向和 y 轴向的数据点。
```
当 x 为 n 维向量，y 为 m 维向量时，X、Y 均为 $m \times n$ 矩阵；$[X, Y]$ = meshgrid(x) 等效于 [X,Y]= meshgrid(x,x);

语法格式：

[X,Y,Z]=meshgrid(x,y,z)　%产生 x 轴、y 轴和 z 轴的三维阵列，它们指定了三维空间坐标

3. 绘制三维网格曲面图

语法格式：

mesh(x,y,z,c)

说明：

（1）三维网格图是有一些四边形相互连接在一起构成的一种曲面图。

（2）x，y，z 是维数同样的矩阵；x，y 是网格坐标矩阵；z 是网格点上的高度矩阵；c 用于指定在不同高度下的颜色范围；

（3）c 省略时，$c=z$，即颜色的设定是正比于图形的高度。

（4）当 x，y 是向量时，要求 x 的长度必须等于 z 矩阵的列，y 的长度必须等于 z 的行，x，y 向量元素的组合构成网格点的 x，y 坐标，z 坐标则取自 z 矩阵，然后绘制三维曲线。

【例6】　根据函数 $z=f(x，y)$ 的 x，y 坐标找出 z 的高度，绘制 $Z=x^2+y^2$ 的三维网线图形。

程序命令：

x = -5:5; y = x; [X,Y]=meshgrid(x,y)
Z = X.^2 + Y.^2; mesh(X,Y,Z)

结果如附图6所示。

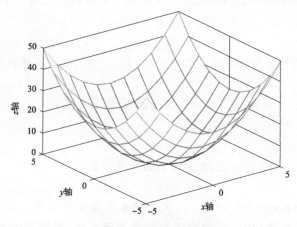

附图6　三维网格线图

4. 绘制三维曲面图

语法格式：

surf(x,y,z,c)

说明：x，y，z，c 参数同 mesh，它们均使用网格矩阵 meshgrid 函数产生坐标，自动着色，其三维阴影曲面四边形的表面颜色分布通过 shading 命令来指定。

【例7】　绘制马鞍函数 $z=f(x，y)=x^2-y^2$ 的曲面图。

程序命令：

x = -10:0.1:10; [xx,yy]=meshgrid(x); zz = xx.^2 - yy.^2;

surf(xx,yy,zz);title('马鞍面');xlabel('x 轴');ylabel('y 轴') zlabel('z 轴');grid on;

结果如附图 7 所示。

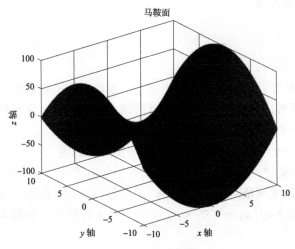

附图7 三维曲面图

5. 绘制特殊三维立体图

1）球面图

MATLAB 提供了球面和柱面等标准的三维曲面绘制函数，使用户可以很方便地得到标准三维曲面图。

语法格式：

sphere(n)　　%画 n 等分球面,默认半径 =1,n =20,n 表示球面绘制的精度

或

[x, y, z]=sphere(n)　%获取球面 x,y,z 空间坐标位置。

2）柱面图

语法格式：

cylinder(R, n)　%R 为半径;n 为柱面圆周等分数

或

[x, y, z]=cylinder (R, n)　%x,y,z 代表空间坐标位置。若在调用该函数时不带输出参数,则直接绘制所需柱面。n 决定了柱面的圆滑程度,其默认值为 20。若 n 值取得比较小,则绘制出多面体的表面图。

3）利用多峰函数绘图

多峰函数为

$$f(x, y) = 3(1-x)^2 e^{-x^2-(y+1)^2} - 10\left(\frac{x}{5} - x^3 - y^5\right) e^{-x^2-y^2} - \frac{1}{3} e^{-(x+1)^2-y^2}$$

语法格式：

peaks(n)　　%输出 n* n 矩阵峰值函数图形

或

[x,y,z]=peaks(n)　　%x,y,z 代表空间坐标位置

【例8】　使用子图分割绘制 $z=f(x,\,y)=\dfrac{\sin\sqrt{x^2+y^2}}{\sqrt{x^2+y^2}}$ 函数的曲面图、球面、柱面和多峰

函数图。

程序命令：

```
x=-10:0.5:10; [xx,yy]=meshgrid(x)
zz=sin(sqrt(xx.^2+yy.^2))./sqrt(xx.^2+yy.^2)
subplot(2,2,1);surf(xx,yy,zz); title('函数图'); xlabel('x轴');ylabel
('y轴'); zlabel('z轴');
subplot(2,2,2);sphere(20); title('函数图'); xlabel('x轴');ylabel('y
轴'); zlabel('z轴');
subplot(2,2,3);cylinder(20); title('函数图'); xlabel('x轴');ylabel
('y轴'); zlabel('z轴');
subplot(2,2,4);peaks; title('函数图'); xlabel('x轴');ylabel('y轴');
zlabel('z轴')
```

结果如附图8所示。

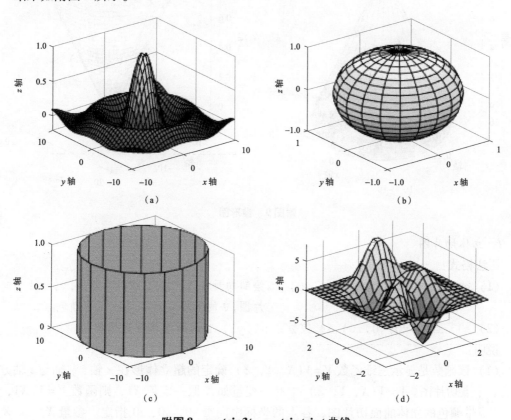

附图 8　$x=t\sin3t$，$y=t\sin t\sin t$ 曲线

(a) 函数图；(b) 球面图；(c) 柱面图；(d) 多峰图

【例9】　绘制锥形图。

程序命令：

```
t = (0:50)/10*pi;
z = (0:10)';
x = 10 - z;
z = repmat(z,1,numel(t));
y = x*sin(t);
x = x*cos(t);
subplot(1,2,1);surf(x,y,z)
[X,Y,Z]=cylinder(0:25,20);
subplot(1,2,2);surf(X,Y,Z)
```

结果如附图 9 所示。

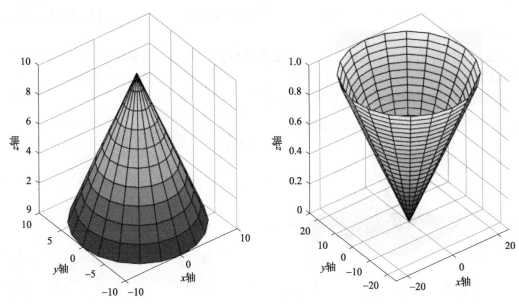

附图 9　锥形图

6. 立体切片图

语法格式：

（1）slice(X,Y,Z,V, x0,y0,z0)　%绘制向量 x1,y1,z1 中的点沿 x,y,z 轴方向切片图,V 的大小决定了每一点的颜色。

（2）slice(V,x0,y0,z0)　% 按数组 x1,y1,z1 的网格单位进行切片。

说明：

（1）该函数是显示三维函数 $V = V(X, Y, Z)$ 确定的超立体形在 x 轴、y 轴与 z 轴方向上的若干点切片图。$V = V(X, Y, Z)$ 中有一变量如 X 取一定值 $X1$，则函数 $V = V(X1, Y, Z)$ 变成带颜色的立体曲面切片图，各点的坐标由向量 $x0$，$y0$，$z0$ 指定。参量 X，Y，Z 为三维数组，用于指定立方体 V 的坐标。参量 X、Y 与 Z 必须有单调的正交的间隔，如同用命令 meshgrid 生成的一样，在每一点上的颜色由对超立体 V 的三维内插值确定。

（2）slice(V, $x0$, $y0$, $z0$) 缺省 X，Y，Z，默认取值：$X = 1：m$，$Y = 1：n$，$Z = 1：p$，m，n，p 为 V 三维数组（阶数）。

【例 10】 绘制三维函数 $V = f(x, y, z) = x\mathrm{e}^{-x^2-y^2-z^2}$ 立体切片图，要求切片的坐标为 $([-0.5, 0.8, 1.5], 0.5, [\ ])$。

程序命令：

```
[x,y,z]=meshgrid(-2:0.2:2,-2:0.25:2,-2:0.2:2)
V=x.* exp(-x.^2-y.^2-z.^2);
slice(x,y,z,V,[-0.5,0.8,1.5],0.5,[])
```

绘图的结果如附图 10 所示。

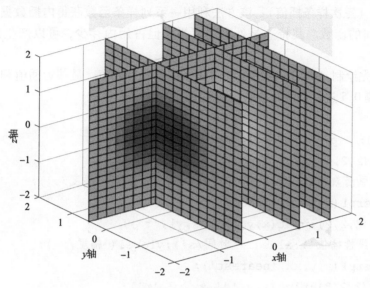

附图 10　三维切片图

F3　函 数 插 值

在已知函数表达式情况下，插值就是在已知的数据点之间利用某种算法寻找估计值的过程，即根据一元线性函数表达式 $f(x)$ 中的两点，找出 $f(x)$ 在中间点的数值。插值运算可大大减少编程语句，使得程序简洁清晰。

F3.1　一维插值

MATLAB 提供的一维插值函数为 interp1()，定义如下：

若已知在点集 x 上的函数值 y，构造一个解析函数曲线图形，通过曲线上的点求出它们之间的值，这一过程称为一维插值。

语法格式：

```
yi = interp1(x,y,xi);    %x,y 为已知数据值,xi 为插值数据点;
y1 = interp1(x,y,xi,'method');    %x,y 为已知数据值,xi 为插值点,method
                                    为设定插值方法
```

说明：method 常用的设置参数有 linear，nearest，spline，分别表示线性插值、最临近插值和三次样条插值法。linear 也称为分段线性插值（默认值），spline 函数插值所形成的曲线最平滑，效果最好。

其中：

（1）nearest（最临近插值法）：该方法将内插点设置成最接近于已知数据点的值，其特点是插值速度最快，但平滑性较差。

（2）linear（线性插值）：该方法连接已有数据点作线性逼近。它是 interp1 函数的默认方法，其特点是需要占用更多的内存，速度比 nearest 方法稍慢，但是平滑性优于 nearest 方法。

（3）spline（三次样条插值）：该方法利用一系列样条函数获得内插数据点，从而确定已有数据点之间的函数。其特点是处理速度慢，但占用内存少，可以产生最光滑的插值结果。

【例11】 先绘制（$0 \sim 2\pi$）的正弦曲线，按照线性插值、最邻近插值和三次样条插值三种方法，每隔 0.5 进行插值，绘制插值后曲线并进行对比。

程序命令：

```
clc; x = 0:2* pi; y = sin(x); xx = 0:0.5:2* pi;
 subplot(2,2,1); plot(x,y);
 title('原函数图');;xlabel('时间/s');ylabel('幅度/v');
 y1 = interp1(x,y,xx,'linear');
 subplot(2,2,2); plot(x,y,'o',xx,y1,'r');
 title('线性插值');xlabel('时间/s');ylabel('幅度/v');
 y2 = interp1(x,y,xx,'nearest');
 subplot(2,2,3); plot(x,y,'o',xx,y2,'r');
 title('最临近插值');xlabel('时间/s');ylabel('幅度/v');
 y3 = interp1(x,y,xx,'spline');
 subplot(2,2,4); plot(x,y,'o',xx,y3,'r');
 title('三次样条插值');xlabel('时间/s');ylabel('幅度/v')
```

三种插值与原函数插值结果如附图 11 所示。

结论：从线性插值、最临近插值和三次样条插值三种方法看出，三次样条插值曲线效果最平滑。

【例12】 设某一天 24 小时内，从零点开始每间隔 2 小时测得的环境温度数据分别为 12，9，9，10，18，24，28，25，20，16，12，11，11，推测中午 13 点的温度。

程序命令：

```
 x = 0:2:24;
 y = [12,9 ,9,10,18,24,28,25,20 ,16,12,11,11];
x1 = 9;
y1 = interp1(x,y,x1,'spline');
plot(x,y,'b-p',x,y,x1,y1,'r-h');
title('插值点绘图');
text (x1 -3,y1,'插值点');
```

结果曲线如附图 12 所示。

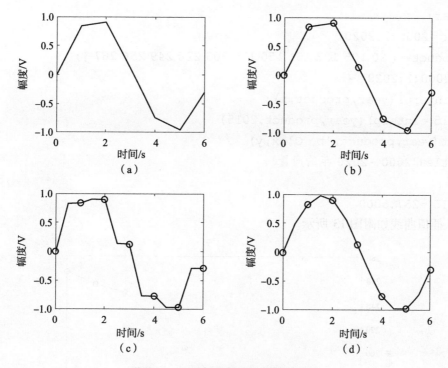

附图11 三种插值与原函数图的比较

（a）原函数图；（b）线性插值；（c）最临近插值；（d）三次样条插值

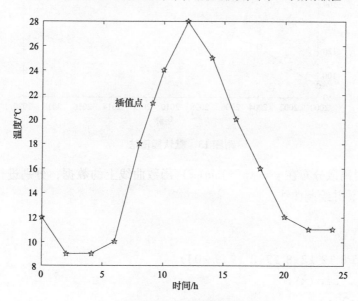

附图12 插值绘图

从图中得到的插值点坐标为：x1 = 9，y1 = 21.3267。

【**例13**】 设2000—2020年的产量每间隔2年数据分别为90，105，123，131，150，179，203，226，249，256，267，估计2015年产量并绘图。

程序命令：

```
clear;
year = 2000:2:2020
 product = [ 90 105 123 131 150 179 203 226 249 256 267 ];
x = 2000:1:2020
y = interp1 (year, product, x);
p2015 = interp1 (year, product, 2015)
plot (year, product, 'b - O', x, y)
 title ('2000 ~ 2020 年的产量')
结果：
p2015 = 237.5000
```

默认插值曲线如附图 13 所示。

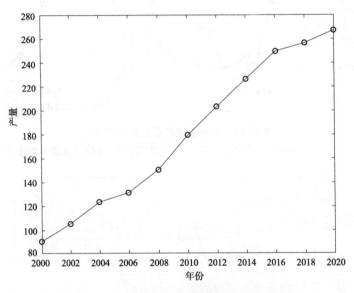

附图 13　默认插值法

　　【例 14】　对离散分布在 $y = \exp(x)\sin(x)$ 函数曲线上的数据，分别进行三次样条插值和线性插值计算，并绘制曲线。

　　程序命令：

```
clear;
x = [0 2 4 5 8 12 12.8 17.2 19.9 20];
y = exp(x).*sin(x);
xx = 0:.25:20;
yy = interp1 (x, y, xx, 'spline');
plot (x, y, 'o', xx, yy); hold on
yy1 = interp1 (x, y, xx, 'linear');
plot (x, y, 'o', xx, yy1); hold on
结果：
```

插值后曲线如附图 14 所示。

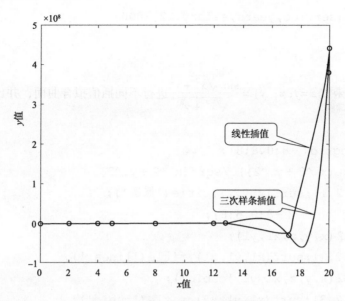

附图 14　spline 与 linear 插值绘图

F3.2　二维插值

二维插值函数为二元函数。

语法格式：

(1) ZZ = interp2(X,Y,Z,X1,Y1)　%X 和 Y 分别是 m 维和 n 维向量,表示节点,Z 为 $n \times m$ 矩阵,表示节点值;X1(行向量),Y1(列向量) 是插值点的一维数组,为插值范围,若插值在范围外的点,则返回 NAN(数值为空)。

(2) ZZ = interp2(Z,X1,Y1)　%表示 X1 = 1:n,Y1 = 1:m,其中 [m,n] = size(Z)。按上述情形进行计算。

(3) ZZ = interp2(X,Y,Z,X1,Y1,method) 用指定的方法 method 计算二维插值,method 可以取值：

Linear:双线性插值算法(缺省);

nearest:最临近插值;

spline:三次样条插值;

cubic:双三次插值。

说明:interp2 函数能够较好地进行二维插值运算，但是它只能处理以网格形式给出的数据。

【例 15】　已知工人平均工资从 1980 年到 2020 年开始得到逐年提升，计算在 2000 年工作了 12 年的员工平均工资。

```
years = 1980:10:2020;
times = 10:10:30;
salary = [1500 1990 2000 3010 3500 4000 4100 4200 4500 5600 7000 8000 9500
```

```
10000 12000];
    S = interp2(service,years,salary,12,2000)
```
结果：
```
S = 4120
```

【例16】 对函数 $z = f(x, y) = \dfrac{\sin \sqrt{x^2 + y^2}}{\sqrt{x^2 + y^2}}$ 进行不同插值拟合曲面，并比较拟合结果。

程序命令：

```
[x,y]=meshgrid(-8:0.8:8);
z = sin(sqrt(x.^2 + y.^2))./sqrt(x.^2 + y.^2)
subplot(2,2,1);surf(x,y,z);title('原图');
[x1,y1]=meshgrid(-8:0.5:8);
z1 = interp2(x,y,z,x1,y1);
subplot(2,2,2);surf(x1,y1,z1);title('linear');
z2 = interp2(x,y,z,x1,y1,'cubic');
subplot(2,2,3);surf(x1,y1,z2);title('cubic');
z3 = interp2(x,y,z,x1,y1,'spline');
subplot(2,2,4);surf(x1,y1,z3);title('spline')
```
程序运行结果如附图15所示。

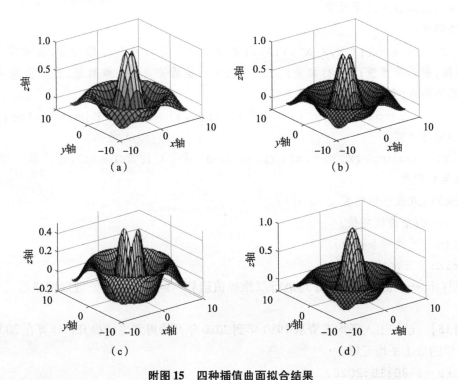

附图15 四种插值曲面拟合结果

(a) 原图；(b) 双线性插值；(c) 双三次插值；(d) 三次样条插值

F3.3　三维插值

三维插值运算函数 interp3 和 n 维网格插值 interpn 的调用格式与 interp1 和 interp2 一致，需要使用三维网格生成函数实现，即：$[X, Y, Z] = meshgrid(X1, Y1, Z1)$，其中 X1，Y1，Z1 为三维所需要的分割形式，以向量形式给出三维数组，目的是返回 X，Y，Z 的网格数据。

语法格式：

```
interp3(X,Y,Z,V,X1,Y1,Z1, method);
```

说明：V 表示函数，使用方法与 interp2( ) 函数一致。

【例 17】 已知三维函数 $V(x, y, z) = x^2 + y^2 + z^2$，通过函数生成网格型样本点，根据样本点进行拟合，并使用 slice 函数绘制拟合图。

程序命令：

```
  clc;
[x,y,z]=meshgrid(-1:0.1:1);
[x1,y1,z1]=meshgrid(-1:0.1:1);
V=x.^2 + y.^2 + z.^2;                         %拟合函数
V1 = interp3(x,y,z,V,x1,y1,z1,'spline');      %三维拟合
x0 = [-0.5,0.5];y0 = [0.2, -0.2];z0 = [-1, -0.5,0.5];    %图形位置
slice(x1,y1,z1,V1,x0,y0,z0); title('三维拟合')
```

程序运行结果如附图 16 所示。

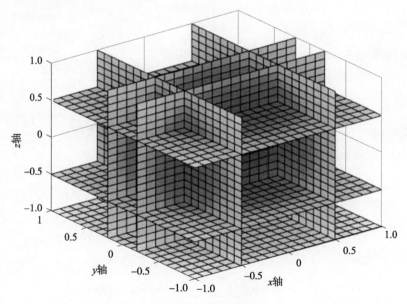

附图 16　三维插值图

参 考 文 献

［1］ Quanser. QUBE – Servo 2 旋转伺服实验用户手册.

［2］ 姜增如. 自动控制理论创新实验案例教程［M］. 北京：机械工业出版社，2015.

［3］ 胡寿松. 自动控制原理（第六版）［M］. 北京：科学出版社，2013.

［4］ ［美］Katsuhiko Ogata. 控制理论 MATLAB 教程［M］. 王诗宓，王峻，译. 北京：电子工业出版社，2012.

［5］ ［美］Richard C. Dorf，Robert H. Bishop. 现代控制系统（第十二版）［M］. 谢红卫，译. 北京：电子工业出版社，2015.